Julia Köster

In-vitro-Fleisch: Eine Alternative zu konventionellem Fleisch?

Julia Köster

In-vitro-Fleisch: Eine Alternative zu konventionellem Fleisch?

Eine empirische Analyse der Chancen und Herausforderungen

Lehrbuchverlag

Imprint

Cover image: www.ingimage.com

Publisher:
Der Lehrbuchverlag
is a trademark of
International Book Market Service Ltd., member of OmniScriptum Publishing Group
17 Meldrum Street, Beau Bassin 71504, Mauritius

Printed at: see last page
ISBN: 978-620-0-27289-8

Inhaltsverzeichnis

Abkürzungsverzeichnis

BBC	British Broadcasting Corporation
BLE	Bundesanstalt für Landwirtschaft und Ernährung
EFSA	European Food Safety Authority
EU	Europäische Union
EG	Europäische Gemeinschaft
FAO	Food and Agriculture Organization
HAW	Hochschule für Angewandte Wissenschaften
NASA	National Aeronautics and Space Administration
PETA	People for the Ethical Treatment of Animals
SPSS	Statistical Product and Service Solution
USA	United States of America
VO	Verordnung
WHO	World Health Organization

Abbildungsverzeichnis

Tabellenverzeichnis

Formelverzeichnis

Glossar

Begriffe	Definition/Erklärung
Omnivoren	„Allesfresser“ (Duden online, o.J.)
Kultivierung	Der Begriff *Kultivierung* bedeutet „vom Menschen gesteuerte Vermehrung von Mikroorganismen (mikrobielles Wachstum) auf Nährböden bzw. die Züchtung von Zellen, Gewebe, Organen oder Organismen“ (Anhäuser, et al., 2002, p. 245)
In vitro	Der Begriff *in vitro* [lat., = im Glas] bedeutet „außerhalb des Organismus unter künstlichen Bedingungen, im Reagenzglas; von biologischen Vorgängen oder wissenschaftlichen Experimenten gesagt“ (Arnheim, et al., 1994, p. 382).

1. Einleitung

Der global steigende Fleischkonsum ist ein vielseitig diskutiertes Thema. In den Jahren 2005 bis 2007 wurden weltweit pro Jahr ca. 258 Millionen Tonnen Fleisch produziert. Bis 2050 wird dieser Wert voraussichtlich um 76% steigen. Dies bedeutet, dass sodann jährlich ca. 455 Millionen Tonnen Fleisch produziert werden müssten (Alexandratos & Bruinsma, 2012, p. 131). Ursachen hierfür sind die steigende Weltbevölkerung, die Urbanisierung und der sinkende Preis für tierische Produkte. Die Produktionskapazitäten für die Erzeugung von tierischen Produkten - insbesondere für Fleisch - haben allerdings schon heute nahezu ihr Maximum erreicht (WHO, o.J.(a)). Zudem kann beobachtet werden, dass die Viehzucht bereits jetzt einen schädlichen Einfluss auf die Umwelt, die menschliche Gesundheit und das Wohl der Tiere hat (Böhm, et al., 2017, p. 3). Gleichzeitig ist Fleisch - je nach Fleischsorte - allerdings eine gute Quelle für Proteine und Eisen mit einer hohen biologischen Wertigkeit bzw. hohen Bioverfügbarkeit sowie für Zink und B-Vitamine. Aus diesen Gründen ist die Suche nach Alternativen zu konventionellem Fleisch von großer Bedeutung (Fayaz Bhat & Fayaz, 2011, p. 125), (Hocquette, et al., 2015, p. 273). Schon heute werden vegetarische und vegane Produkte, wie etwa Produkte auf Soja-Basis (zum Beispiel Tofu oder Tempeh), Seitan (Weizenbasis), Lupinen, Valees (Milchbasis) oder Quorn (Bodenpilz-Basis) angeboten (Huber & Keller, 2017, p. 7). Jedoch weichen diese in Bezug auf die sensorischen Attribute und das Nährstoffprofil deutlich von herkömmlichem Fleisch ab. Jene Problematik könnte möglicherweise in Zukunft durch kultiviertes, tierisches Muskelgewebe - das sogenannte In-vitro-Fleisch (im Folgenden IVF) - gelöst werden.

IVF bietet viele Vorteile, dennoch stehen die Innovatoren bei der Entwicklung vor vielen Herausforderungen. So stellt beispielsweise die Akzeptanz der Verbraucher ein großes Problem dar. Es sind zwar bisher nur wenige Erhebungen zu dieser Thematik durchgeführt worden, jedoch zeigen diese bereits einige Bedenken seitens der Verbraucher (Gaydhane, et al., 2018, p. 7). Eine solche Innovation würde einen Großteil der Gesellschaft betreffen und somit trägt die Akzeptanz der Verbraucher maßgeblich zu einer erfolgreichen Implementierung von IVF bei (Ferrari, 2018, pp. 68-69). Da bisher noch keine quantitative Befragung der deutschen Verbraucher zu der Akzeptanz von IVF durchgeführt wurde, liegt eine solche Erhebung im Fokus dieser Arbeit. Das Kernziel dieser Arbeit besteht darin, technologische, ökologische und gesellschaftliche Visionen und Herausforderungen der IVF-Forschung darzustellen und diese kritisch zu analysieren.
Es hat sich daraus folgende Fragestellung für die vorliegende Arbeit ergeben:
Wie nehmen deutsche Verbraucher In-vitro-Fleisch als Alternative zur konventionellen Fleischherstellung wahr und welche Chancen und Herausforderungen ergeben sich durch In-vitro-Fleisch?

Um die Forschungsfrage mithilfe der vorliegenden Arbeit beantworten zu können, wird zunächst die Problematik des weltweit steigenden Fleischbedarfs erörtert.
Anschließend wird ein Überblick über die Herstellungsverfahren gegeben, woraufhin eine Gegenüberstellung der positiven und negativen Aspekte von IVF und konventionell produziertem Fleisch folgt. Um die Frage zur Wahrnehmung von IVF seitens der Verbraucher zu erörtern, erfolgt eine Analyse der durchgeführten Erhebung. Dem voran geht ein kurzer Überblick über den aktuellen Forschungsstand, auf den sich die

Erhebung bezieht und auf dessen Grundlage der Fragebogen erstellt wurde. Die Analyse der Erhebung beginnt mit der Definition der Zielsetzung und der Hypothesen. Es folgt darauf die Beschreibung des methodischen Vorgehens inklusive der Erläuterung des verwendeten Untersuchungsdesigns und -instruments. Im gleichen Kapitel werden zudem der Aufbau des Fragebogens, die Durchführung der Erhebung sowie die Datenauswertung näher beschrieben. Aufbauend darauf erfolgt die deskriptive Darstellung der Daten sowie die Prüfung der Hypothesen. In der Diskussion werden die Ergebnisse zusammengefasst, interpretiert und kritisch hinterfragt. Am Ende dieser Arbeit folgt ein abschließendes Fazit zu der vorliegenden Arbeit, welches zur Beantwortung der Forschungsfrage dient und Ideen und Anregungen für zukünftige Forschungsvorhaben gibt.

2. Grundlagen

Im folgenden Abschnitt werden zunächst die theoretischen Grundlagen der IVF-Forschung beschrieben, die zur Zielsetzung, den Hypothesen sowie ihrer empirischen Überprüfung führen. Zur Einführung in das Thema werden zunächst Einblicke in die Fleischindustrie, die Herstellungsverfahren von IVF und die damit verbundenen Probleme gegeben. Im weiteren Verlauf erfolgt eine Gegenüberstellung der konventionellen Fleischherstellung mit der Herstellung von IVF in den Kategorien Umwelt und Ressourcen, Tierschutz und Menschliche Gesundheit. Abschließend werden in diesem Kapitel derzeit bekannte Forschungsergebnisse zur Akzeptanz von IVF vorgestellt.

2.1. Fleischindustrie und -bedarf

Die Fleischindustrie ist ein umsatzstarkes Segment der deutschen Wirtschaft. Der im Jahr 2017 erschienene „Jahresbericht für Betriebe im verarbeitenden Gewerbe Deutschland" des statistischen Bundesamtes zeigt, dass Schlachten und Fleischverarbeitung zu den umsatzstärksten Segmenten der Herstellung von Nahrungs- und Futtermitteln in Deutschland zählen. Im Jahr 2017 betrug der Umsatz in diesen Bereich ca. 43,7 Milliarden Euro und stellte somit ca. 27,6% des Gesamtumsatzes der Herstellung von Nahrungs- und Futtermitteln dar. Die Fleischindustrie ist gleichzeitig das exportstärkste Segment im Bereich der Nahrungs- und Futtermittel und hatte mit 7,6 Milliarden Euro einen Anteil von 21,3% des gesamten Auslandsumsatzes von Nahrungs- und Futtermitteln (Statistisches Bundesamt (Destatis), 2017).

Die Nettoerzeugung von Fleisch(-erzeugnissen) für den menschlichen Verzehr lag in Deutschland im Jahr 2017 nach Schätzungen der *Bundesanstalt für Landwirtschaft und Ernährung (BLE)* bei rund 4,95

Millionen Tonnen. Daraus ergibt sich ein Pro-Kopf-Konsum von etwa 60 kg pro Jahr (BLE, 2018, p. 14). Erkenntnissen des *BLE* zur Folge ist die Menge des Fleischkonsums in Deutschland in den letzten Jahren allerdings etwas rückläufig (BLE, 2018, p. 14). Jedoch ist ebenfalls zu beobachten, dass ein hoher Prozentsatz der deutschen Bevölkerung regelmäßig Fleisch(-erzeugnisse) verzehrt. Es leben einer Umfrage der *Dalia Research GmbH* nach bislang nur ca. 5% der Deutschen vegetarisch, 3% pescetarisch und sogar nur knapp 1% vegan (Holmes, 2017). Auch in den meisten anderen Industrieländern ist ein rückläufiges Konsumverhalten beim Verzehr von Fleisch zu beobachten. Im Vergleich dazu ist der Fleischkonsum in den Entwicklungsländern eher stagnierend bis gering ansteigend. In den Schwellenländern, wie beispielsweise China und Brasilien, ist hingegen ein sehr großes Wachstum zu beobachten (WHO, o.J.(a)), (Godfray, et al., 2018, p. 1). Weltweit ist somit insgesamt ein deutlicher Anstieg der Nachfrage nach Fleisch(-erzeugnissen) erkennbar. Prognosen zur Folge soll sich der weltweite Fleischkonsum bis zum Jahr 2050 auf insgesamt 455 Millionen Tonnen erhöhen. Im Vergleich zum ermittelten Durchschnitt der Jahre 2005 bis 2007 würde dies ein Wachstum von ca. 76% bedeuten (Alexandratos & Bruinsma, 2012, p. 131). Die Hauptursachen für diese Erhöhung sind zum einen die steigende Weltbevölkerungszahl. Zum anderen können sich viele Menschen, durch den zu beobachtenden Anstieg des weltweiten Pro-Kopf-Einkommens, teurere Produkte - wie auch Fleisch - öfter leisten (Godfray, et al., 2018, p. 1).

Ein weiterer Faktor ist die Urbanisierung. Mit der Ausbreitung der städtischen Lebensform verbessern sich die jeweiligen Infrastrukturen und damit auch die genutzten Transportwege. Besonders die Versorgung des Lebensmitteleinzelhandels mit tierischen Lebensmitteln wird hierdurch erleichtert, da die Kühlkette besser eingehalten werden kann.

Die prognostizierte Zunahme des weltweiten Fleischkonsums kann in Zukunft allerdings vermutlich nicht mehr bedient werden. Dies ist vor allem durch die begrenzten Ressourcen bedingt, welche für die Viehzucht - hauptsächlich für den Futtermittelanbau - benötigt werden. Begrenzende Faktoren sind dabei insbesondere die benötigten Agrarlandflächen sowie der sehr hohe Wasserverbrauch (siehe Kapitel 2.3.1.). Bereits heute stellt daher die weltweite Versorgung mit tierischen Erzeugnissen - insbesondere mit Fleisch - eine Herausforderung dar und würde sich spätestens 2050 als problematisch darstellen (Post, 2012, p. 298). Dies verdeutlicht die Dringlichkeit der Suche nach Alternativen. IVF könnte hierfür ein Lösungsansatz darstellen.

2.2. In-vitro-Fleisch

2.2.1. Definition

Definitionsgemäß ist unter IVF die Kultivierung von tierischen Muskelzellen zum menschlichen Verzehr zu verstehen (Moritz, et al., 2015, p. 208).
Hierfür werden Stammzellen in einem Nährmedium kultiviert. Diese Stammzellen vermehren sich, wodurch Billionen von Zellen entstehen, die innerhalb weniger Wochen zu Muskelfasern heranwachsen (Kabisch, 2018(a), p. 65).
Ziel der Forschung an IVF ist es, alle charakteristischen Merkmale von herkömmlich produziertem Fleisch zu imitieren, wie beispielsweise die sensorischen Attribute (Post, 2012, p. 297). In der Fachliteratur wird es oftmals auch als kultiviertes Fleisch [*engl.: cultured meat*], synthetisches Fleisch [*engl.: synthetic meat*] oder reines Fleisch [*engl.: clean meat*] bezeichnet (Gaydhane, et al., 2018, p. 2).

2.2.2. Entwicklungsgeschichte

Die Züchtung von tierischem Gewebe für die Bedienung des vorhandenen Fleischbedarfs stellt kein Novum dar. Schon im Jahr 1912 entnahm der französische Chirurg Dr. Alexis Carrel tierische Zellen eines Hühnerherzens und bewies erstmals, dass eine Kultivierung *in vitro* möglich ist (Fayaz Bhat & Fayaz, 2011, p. 126). Auch der britische Premier Winston Churchill prognostizierte die Möglichkeit von künstlich gezüchtetem Fleisch. 1931 schrieb Churchill dazu in seinem Essay *Fifty Years Hence*, welches im Jahr 1932 im Buch *Thoughts and adventures* erschien: „*We shall escape the absurdity of growing a whole chicken in order to eat the breast or wing, by growing these parts separately under a suitable medium*" (Churchill, 1931).

Ca. 20 Jahre später hatte der niederländische Wissenschaftler Willem van Eelen die klare Vision, Muskelgewebe zum menschlichen Verzehr zu züchten. Es dauerte bis zum Ende der 1990er Jahre, bis er seine theoretische Idee patentieren ließ (Fayaz Bhat & Fayaz, 2011, p. 126). Zu dieser Zeit wurden auch die ersten Experimente der NASA zu IVF durchgeführt. Ziel war es damals, neue Ernährungsformen für Astronauten zu erforschen. Die NASA konnte ihre ersten Erfolge mit der Kultivierung von Muskelzellen einer Pute erzielen (Kadim, et al., 2015, p. 222). Ein Forschungsteam der NASA entwickelte zudem unter der Leitung des amerikanischen Forschers Dr. Morris Benjaminson bis zum Jahr 2002 verzehrbares Gewebe aus Goldfischzellen (Stephens, et al., 2018, p. 156).

Zu dieser Zeit erkannte die niederländische Behörde das Potential von IVF und förderte hierzu von 2005 bis 2009 mehrere Projekte, wie zum Beispiel die Projekte des niederländischen Wissenschaftlers Dr. Mark

Post und seinen Kollegen der Universität Maastricht (Böhm, et al., 2017, p. 22), (Kabisch, 2018(b), p. 47).

Post's erste Entwicklung von verzehrfähigem Fleisch dauerte jedoch noch bis zum Jahr 2013 und wurde in Form eines IVF-Burgers auf einer Pressekonferenz in London vorgestellt und dort öffentlich verkostet. Die Entwicklung dieses Burgers dauerte somit viele Jahre und kostete insgesamt ca. 330.000 US-Dollar. Die Übernahme dieser Kosten war nur durch die finanzielle Unterstützung des Google-Mitgründers Sergey Brin möglich (Kabisch, 2018(b), p. 47). Die Pressekonferenz erlangte große internationale Aufmerksamkeit in den Medien. Sowohl die deutsche Wochenzeitung *Die Zeit* als auch die britische Tageszeitschrift *The Guardian* oder die amerikanische Tageszeitschrift *The New York Times* berichteten über dieses Ereignis (Schadwinkel, 2013), (Fountain, 2013), (Jha, 2013).

Seit diesem Zeitpunkt forschen weitere Unternehmen und Forschungsinstitute an der Entwicklung von IVF. Das Unternehmen *Mosa Meat*, welches im Jahr 2015 von Post gegründet wurde, kündigte bereits eine Markteinführung des ersten IVF-Burgers in Europa für das Jahr 2021 an (Kabisch, 2018(a), p. 65).

2.2.3. Herstellungsverfahren

Zur Herstellung von IVF wird auf die Methode des sogenannten *Tissue Engineerings* [*engl.: Gewebezüchtung*] zurückgegriffen. Entwickelt wurde diese Methode im Bereich der regenerativen Medizin, um zerstörtes und verletztes Gewebe bzw. beschädigte Organe wiederherzustellen (Böhm, et al., 2017, p. 3).

In Abbildung 1 ist zu erkennen, dass einem Tier zunächst Muskelgewebe mittels einer Muskelbiopsie entnommen wird. Im Anschluss werden aus dem so gewonnenen Gewebe die Stammzellen von den

Muskelzellen separiert (Fayaz Bhat & Fayaz, 2011, p. 130). Für die Züchtung von IVF können verschiedene Arten von Stammzellen herangezogen werden, wie beispielsweise embryonale Stammzellen oder Myosatelliten-Zellen. Am erfolgversprechendsten sind hierbei die sogenannten Myosatelliten-Zellen. Diese sind eine Art von Muskelstammzellen, welche im Wesentlichen für die Regeneration und das Wachstum von Muskelfasern, die sogenannte Proliferation, verantwortlich sind. Die Proliferationsfähigkeit der Myosatelliten-Zellen ist dabei abhängig vom Alter, der Art und dem Krankheitsstatus des Spendertieres, weswegen neugeborene bzw. junge Tiere als Spendertiere bevorzugt werden (Fayaz Bhat & Fayaz, 2011, p. 130).

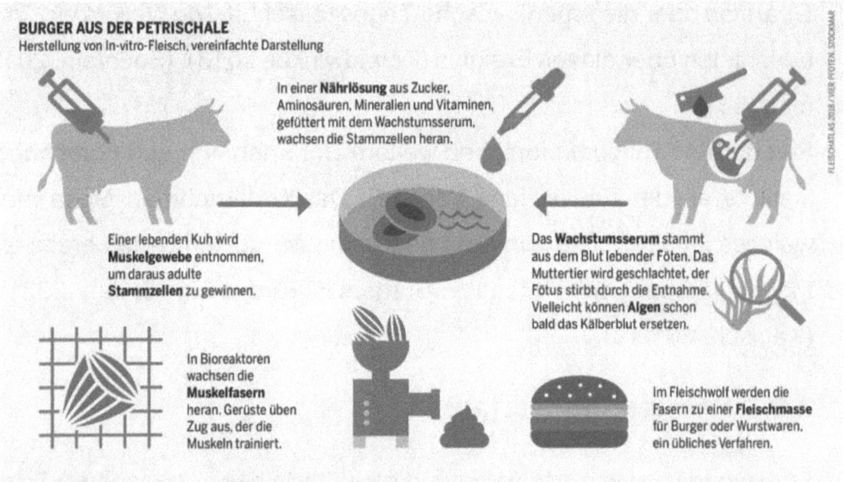

Abbildung 1 Methode zur Herstellung von In-vitro-Fleisch

Quelle: Bartz/Stockmar, Lizenz: CC-BY 4.0, in: Fleischatlas, 2018, p. 47

Im weiteren Vorgehen werden die Myosatelliten-Zellen auf einem Nährmedium kultiviert. Dies geschieht unter bestimmten Wachstumsbedingungen in einem Bioreaktor. Hier müssen sowohl der Sauerstoffgehalt als auch der pH-Wert und die Temperatur reguliert werden, um eine optimale Wachstumsatmosphäre zu schaffen (Gaydhane, et al., 2018,

p. 5). Das Nährmedium besteht aus Zucker, Aminosäuren, Mineralien und Vitaminen sowie Wachstumsfaktoren und Hormonen (Hinzmann, 2018, p. 3). Es handelt sich bei diesen Wachstumsfaktoren häufig um fötales Kälberserum (siehe hierzu Kapitel 2.2.4.1.) (Gaydhane, et al., 2018, p. 3).

Anschließend beginnt die Differenzierung der Satellitenzellen. Während der Zelldifferenzierung bilden sich Billionen sogenannter Myoblasten (Muskelzellen) (Böhm, et al., 2017, p. 3). Aus diesen Myroblasten entstehen anschließend multinukleare Myotuben, aus welchen sich letztendlich Myofibrillen bzw. Muskelfasern bilden. Dieser Prozess beschreibt die Muskelentwicklung und wird auch als Myogenese bezeichnet (Böhm, et al., 2017, p. 3). Die Muskelfasern werden im Anschluss geschichtet und können danach durch lebensmitteltechnologische Verfahren weiterverarbeitet werden (Mosa Meat, o.J.). Für die Produktion eines Burger-Pattys werden beispielsweise ca. 20.000 solcher Muskelfasern benötigt (Kabisch, 2018(a), p. 65).

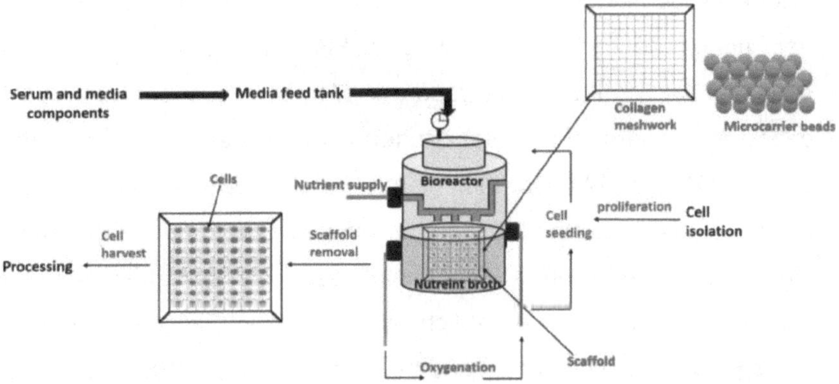

Abbildung 2 Schema der Gerüst-Technik der In-vitro-Fleisch Herstellung nach Gaydhane, et al., 2018

Quelle: **(Gaydhane, et al., 2018, p. 4)**

Über diese Methode hinaus können bei der Muskelentwicklung verschiedene verzweigte Gerüste eingesetzt werden, die beispielsweise aus Kollagen bestehen (siehe dazu Abbildung 2) (Fayaz Bhat & Fayaz, 2011, p. 131).

Die Zellen können sich an diese Gerüste anfügen und wachsen, wodurch eine dreidimensionale Zellstruktur erreicht wird. Diese führt zu einer fleischähnlichen Beschaffenheit des Gewebes. Die Gerüste sollten dabei möglichst porös sein, damit eine Diffusion der Inhaltsstoffe zu den Muskelfasern ermöglicht werden kann (Fayaz Bhat & Fayaz, 2011, p. 131).

2.2.4. Herausforderungen bei der Entwicklung

2.2.4.1. Qualität und Sensorik

Nach aktuellem Stand der Forschung ist es lediglich möglich, verarbeitete Fleischprodukte, wie zum Beispiel Hackfleisch, in angemessener Qualität herzustellen. Dies ist darauf zurück zu führen, dass für die typische Fleischtextur deutlich dickere Gewebestrukturen benötigt werden, als die derzeitige Herstellung zulässt. Dies liegt vor allem daran, dass dickere Strukturen während der Wachstumsperiode nicht ausreichend mit Sauerstoff und Nährstoffen versorgt werden können (Woll & Böhm, 2018, p. 14). Darüber hinaus besteht konventionelles Fleisch nicht nur aus Muskelfasern, sondern enthält zudem auch Sehnen, Kollagene und Fettzellen. Diese beeinflussen die sensorischen Eigenschaften von Fleisch maßgeblich, indem sie dem Fleisch nicht nur seinen typischen Geschmack, sondern auch seine feste Konsistenz geben (Kabisch, 2018(a), p. 65). Nach aktuellem Forschungsstand ist dies allerdings nur sehr schwer bei IVF umzusetzen (Hocquette, 2016, p. 170). Um einen möglichst authentischen Fleischgeschmack zu erlangen ist es also notwendig, neben den Sehnen und Kollagenen, auch Fettzellen in das IVF zu integrieren (Hocquette, 2016, p. 170). Es konnte allerdings bislang noch kein Herstellungsverfahren zur Kultivierung von Fettzellen entwickelt werden, welches auch für die industrielle Produktion geeignet wäre (Woll & Böhm, 2018, p. 14).

Des Weiteren entsteht der typische Fleisch-Geschmack aber auch durch das im Fleisch enthaltene Myoglobin. Myoglobin ist ein Häm-basiertes Muskelprotein und ist verantwortlich für den typischen metallischen (Eisen-)Geschmack von Fleisch. Durch die bestehenden Sauerstoffbedingungen während der Produktion von IVF wird jedoch die Myoglobin-Expression unterdrückt. Dies hat zur Folge, dass nur wenig bzw. gar kein Myoglobin produziert wird (Hocquette, 2016, p. 170). Myoglobin ist darüber hinaus auch für die rötliche Farbe des Fleischs - abgesehen von Geflügelfleisch - verantwortlich. Durch den geringen bzw. nicht vorhandenen Myoglobinanteil weist IVF eine gelbliche Farbe auf. Es werden daher teilweise Farbstoffe bzw. färbende Lebensmittel, wie Rote Beete-Saftkonzentrat und Safran, zugesetzt, um eine authentische Farbe zu erlangen. Ein zukünftiges Ziel der Forschung ist es allerdings, dass die Muskelzellen genügend eigenes Myoglobin produzieren, um sowohl die Farbe als auch den Geschmack von herkömmlichem Fleisch zu erlangen (Gaydhane, et al., 2018, p. 7)

2.2.4.2. Technologie

Derzeit werden für das Nährmedium der Zellen hauptsächlich Wachstumssera tierischen Ursprungs eingesetzt. Diese entstammen entweder von erwachsenen oder neugeborenen Tieren oder einem Fötus. Fötales Kälberserum ist derzeit das am häufigsten eingesetzte Wachstumsserum, da es viele Wachstumshormone enthält, die zur Proliferation der Zellen benötigt werden (Gaydhane, et al., 2018, p. 133).

Zur Gewinnung dieses Serums wird eine trächtige Kuh geschlachtet. Dies geschieht bislang oftmals als Nebenprodukt der Rinderschlachtung, da sich zwischen den zu schlachtenden Kühen oftmals auch trächtige Kühe befinden. Der Fötus wird dann aus dem Uterus des Muttertieres entnommen. Anschließend wird aus dem noch schlagenden Herzen des Fötus Blut entnommen. Der Fötus muss für die Entnahme mindestens drei Monate alt sein und zeigt zu diesem Zeitpunkt schon eine Gehirnaktivität. Es ist deshalb weiter davon auszugehen, dass er zu diesem Zeitpunkt schon Schmerzen empfindet. Der Einsatz von Schmerzmitteln und Anästhetika ist aus Gründen der Verarbeitung nicht möglich. Die Trennung von der Nabelschnur der Mutter, die damit verbundene Unterversorgung mit Sauerstoff sowie die Entnahme des Blutes sind somit sehr qualvoll für das Tier. Fötales Kälberserum birgt zudem ein hohes Risiko der Kontamination mit Krankheitserregern. Aus diesen Gründen muss dringend nach Alternativen geforscht werden (Ferrari, 2018, p. 11). Der US-Amerikanische Forscher Dr. Morris Benjaminson und sein Forschungsteam konnten schon ein Nährmedium auf Basis des Gemeinen Klapperschwamms (Pilzgattung) entwickeln (Gaydhane, et al., 2018, p. 133). Außerdem sind auch Sera auf Algenbasis oder Hefen denkbare Alternativen, an denen bereits geforscht wird (Böhm, et al., 2017, p. 9).

Eine weitere technologische Herausforderung ist die industrielle Produktion von IVF, welche derzeit noch nicht möglich ist. Dies ist hauptsächlich darauf zurück zu führen, dass die Verfahren zur Herstellung von IVF noch nicht ausreichend erforscht wurden und die Entwicklung von IVF bislang nur in Laboren erfolgt. Darüber hinaus erfordert die Produktion von IVF eine hohe Menge sehr großer Bioreaktoren, was zu hohen Investitions- und Herstellungs- sowie zu nachfolgenden Unterhaltskosten führt (siehe Kapitel 2.2.4.3.) (Woll & Böhm, 2018, p. 14).

2.2.4.3. Kosten

Die Kosten für die industrielle Herstellung von IVF sind noch schwer abzuschätzen, da noch kein industrielles Produktionssystem vorhanden ist. Positiv auf die Kosten wirkt sich aus, dass die Produktion von IVF deutlich weniger Wasser und Fläche benötigt. Dies ist vor allem darauf zurück zu führen, dass die Viehzucht sehr viel Agrarlandfläche in Anspruch nimmt. Diese wird insbesondere für den Anbau von Futtermitteln und als Weideland benötigt wird. Da die Herstellung von IVF nur wenige Wochen in Anspruch nimmt, könnte IVF darüber hinaus verhältnismäßig deutlich schneller produziert werden als herkömmliches Fleisch - insbesondere Rindfleisch. Dadurch würden weniger zusätzliche Ressourcen und Arbeitskräfte benötigt.

Negativ wirken sich jedoch zusätzliche Kosten, wie beispielsweise die Aufrechterhaltung der sehr viel höheren Hygienestandards, der strikten Kontrollen, der technischen Ausrüstung sowie die Anschaffung und der Betrieb der Bioreaktoren, aus (Fayaz Bhat & Fayaz, 2011, p. 129).

Obwohl die Entwicklung des ersten IVF-Burgers sehr hohe Kosten verursachte, ist es den Wissenschaftlern der Universität Maastricht inzwischen gelungen, die Produktionskosten für einen Burger-Patty auf 11,36 US-Dollar zu senken (Kilopreis von ca. 80 US-Dollar) (Gaydhane, et al., 2018, p. 6). Andere Startups, wie beispielsweise *Memphis Meats*, forschen ebenfalls an der Entwicklung von IVF und konnten bislang lediglich einen Kilopreis von ca. 5.000 US-Dollar erreichen (Ferrari, 2018, p. 5). Es ist daher noch nicht absehbar, ob IVF in Zukunft wirklich eine kostengünstige Alternative zu konventionellem Fleisch darstellen kann (Fayaz Bhat & Fayaz, 2011, p. 129).

2.2.4.4. Rechtliche Anforderungen

Da es sich bei IVF um ein neuartiges Lebensmittel handelt, würde die Zulassung nach der Novel Food-Verordnung (EU) 1015/2283 erfolgen. Demnach sind *„neuartige Lebensmittel‘ alle Lebensmittel, die vor dem 15. Mai 1997 unabhängig von den Zeitpunkten der Beitritte von Mitgliedstaaten zur Union nicht in nennenswertem Umfang in der Union für den menschlichen Verzehr verwendet wurden und in mindestens eine der folgenden Kategorien fallen:* (...) *vi) Lebensmittel, die aus von Tieren, Pflanzen, Mikroorganismen, Pilzen oder Algen gewonnenen Zell- oder Gewebekulturen bestehen oder daraus isoliert oder erzeugt wurden*“ (Art. 3 Abs. 2a VO (EU) Nr. 1015/2283).

Anträge auf Zulassung eines neuartigen Lebensmittels - so auch für IVF - müssen bei der EFSA eingereicht werden. Dafür benötigen die antragstellenden Unternehmen eine große Menge an (Sicherheits-)Datenblättern. Diese Datenblätter sind mit hohen Kosten verbunden, welche durch die Unternehmen - derzeit Startups - getragen werden müssen.

2.3. Vergleich konventionell produziertes Fleisch und In-vitro-Fleisch

2.3.1. Umwelt und Ressourcen

Konventionelles Fleisch

Die Viehzucht hat einen wesentlichen negativen Einfluss auf die Umwelt. Sie leistet einen erheblichen Beitrag zur weltweiten Treibhausgasemission und somit zum Klimawandel. Darüber hinaus benötigt die Viehzucht sehr viel Wasser und Agrarlandfläche und führt außerdem zum Biodiversitätsverlust, zur Entwaldung und Bodenerosionen (Steinfeld, et al., 2006, pp. xxiii-29).

Die Viehzucht ist somit für 18% der weltweiten anthropogenen Treibhausgasemission verantwortlich und nimmt damit sogar einen höheren Anteil am Gesamtausstoß von Treibhausgasen als der Verkehr/Transport ein. Durch die Viehzucht entstehen 9% der weltweiten anthropogenen Kohlenstoffdioxid-Emissionen, 37% der Methangasausstöße, 65% der Distickstoffmonoxid-Emission sowie 64% der Ammoniakausstöße (Steinfeld, et al., 2006, pp. 112-113).

Darüber hinaus wird sehr viel Landfläche sowohl für den Anbau von Futtermitteln als auch für das Weideland benötigt. Dadurch werden ca. 70% der gesamten Agrarnutzfläche und damit ca. 30% der gesamten Erdoberfläche durch die Viehzucht eingenommen (Steinfeld, et al., 2006, pp. xxi-4).

Ein weiterer wesentlicher Aspekt betrifft den hohen Wasserverbrauch, welcher hauptsächlich auf die Bewässerung der Futterpflanzen zurück zu führen ist. Für ein Kilogramm Rindfleisch werden beispielsweise ca. 15.500 Liter Wasser benötigt (Sonnenberg, et al., 2009, p. 7). Die Herstellung eines Kilogramms Kartoffeln benötigt im Vergleich dazu lediglich 225 Liter Wasser (Böhm, et al., 2017, p. 6).

Damit nimmt die Viehzucht ca. 8% des weltweiten Frischwasserbedarfs ein und hat darüber hinaus einen großen Einfluss auf die Wasserverschmutzung. Verschmutzungsfaktoren sind dabei unter anderem Tierabfälle, Antibiotika- und Hormonrückstände, Chemikalien sowie Düngemittel und Pestiziddrückstände beim Anbau von Futterpflanzen (Steinfeld, et al., 2006, p. xxii).

Es ist jedoch anzumerken, dass die Viehzucht auch einen wichtigen Einfluss auf die Umwelt hat. So ist sie ein wichtiger Einflussfaktor zum Erhalt der Biodiversität der Pflanzen und der Kot der Tiere wird darüber hinaus als organisches Düngemittel eingesetzt (Hocquette, 2016, p. 173).

In-vitro-Fleisch

Die industriellen Prozesse zur Produktion von IVF sind bislang nur eine Vision. Somit können nur vage Vermutungen über die Umwelteinflüsse von IVF getroffen werden. Daher sind die folgenden Anführungen nur Abschätzungen aus dem heutigen Sachstand und müssen somit kritisch betrachtet werden (Rorheim, et al., 2016, p. 3).

Im Jahr 2011 veröffentlichten die Wissenschaftler Dr. Hanna L. Tuomisto und Prof. Dr. Joost Teixeira de Mattos die erste Studie zu den Umweltauswirkungen der IVF-Produktion. Diese Studie prognostizierte im Vergleich zu konventionellem Fleisch einen deutlich besseren ökologischen Fußabdruck von IVF (Tuomisto & Teixeira de Mattos, 2011, p. A). Allerdings wurden die Erkenntnisse im Jahr 2014 durch eine weitere Studie der Wissenschaftlerin Dr. Hanna L. Tuomisto wieder revidiert, wie in Abbildung 3 zu erkennen ist (Tuomisto, et al., 2014). Demnach zeigen beide Studienergebnisse, dass die Produktion von IVF im Vergleich zur Herstellung von Fleisch - insbesondere Rindfleisch - deutlich weniger Land und Wasser benötigt und auch eine geringere Emission von Treibhausgasen verursacht (Böhm, et al., 2017, p. 7).

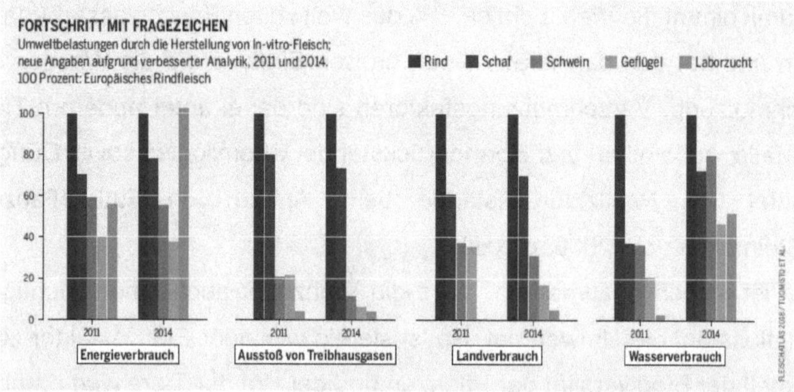

Abbildung 3 Ökobilanz von In-vitro-Fleisch im Vergleich zu konventionell hergestelltem Fleisch, basierend auf Tuomisto & Teixeira de Mattos, 2011 und Tuomisto, et al. 2014

Quelle: Bartz/Stockmar, Lizenz: CC-BY 4.0 in Fleischatlas, 2018, p. 46

Der neuen Studie aus dem Jahr 2014 zur Folge ist der Energieverbrauch für die Herstellung von IVF allerdings als deutlich höher einzustufen als bisher vermutet und somit ebenfalls höher als bei der konventionellen Fleischherstellung. Der Hauptgrund hierfür ist der Betrieb der Bioreaktoren. Die Studie aus 2014 zeigt außerdem, dass der Wasserverbrauch als deutlich höher einzustufen ist, als bisher vermutet. So benötigt die Produktion von IVF mehr Wasser als die Produktion von Geflügelfleisch, dennoch aber weniger als für die Produktion von anderen Fleischsorten (Tuomisto, et al., 2014). Insgesamt sehen die Wissenschaftler enorme Einsparpotentiale in Bezug auf die Umweltbilanz, vor allem im Vergleich zu der Herstellung von Rindfleisch (Hinzmann, 2018, p. 5).

2.3.2. Tierschutz

Konventionelles Fleisch

Es ist zu beobachten, dass sich immer mehr Verbraucher mit tierethischen Themen auseinandersetzen, da für viele Tiere in den Mast- und Schlachtbetrieben mangelhafte Bedingungen herrschen (Post, 2012, p. 298). Obwohl die Nutztierhaltung in Deutschland gesetzlich geregelt ist, erscheinen täglich neue Berichte über verletzte, kranke oder apathische Tiere, die in Mastbetrieben entgegen den gesetzlichen Vorschriften gehalten werden (Kremer, 2018, p. 24).

In-vitro-Fleisch

IVF könnte hierfür eine Lösung sein. In der Theorie müssen für die Herstellung von IVF keine Tiere geschlachtet werden. In Folge dessen würden deutlich kleinere Viehbestände benötigt werden. Dies könnte dazu führen, dass eine artgerechtere Haltung dieser Tiere erreicht werden könnte. Es ist jedoch auch anzumerken, dass noch nicht ganz abzusehen ist, wie viele Tiere tatsächlich benötigt werden und inwiefern den Tieren durch den Eingriff der Muskelbiopsie Schmerzen zugefügt werden (Woll & Böhm, 2018, p. 16).

2.3.3. Menschliche Gesundheit

Konventionelles Fleisch

Es konnte in diversen Studien nachgewiesen werden, dass verschiedene Erkrankungen, wie beispielsweise Diabetes mellitus Typ 2, kardiovaskuläre Erkrankungen oder Darmkrebs durch zu hohen Fleischkonsum ungünstig beeinflusst werden können. Darüber hinaus können durch den Verzehr von Fleisch Zonoosen übertragen werden (Post, 2012, p. 298). Nach der Zoonosen-Überwachungsrichtlinie 2003/99/EG sind diese *„sämtliche Krankheiten und/oder sämtliche Infektionen, die natürlicherweise von Tieren auf Menschen übertragen werden können“* (Art. 2 Abs. 2a (EG) Nr. 2003/99). Typische Beispiele sind Salmonellose, Campylobacteriose oder Listeriose (Art. 16 Abs. 3 (EG) 2003/99). Ein weiterer Einflussfaktor auf die menschliche Gesundheit ist die durch die Viehzucht bedingte Bildung von resistenten bzw. multiresistenten Erregern. Oftmals werden bei der Viehzucht Antibiotika eingesetzt, um kranke Tiere damit zu behandeln und somit auch die Verbreitung von Krankheiten innerhalb der Mastbetriebe zu verhindern. Auch werden diese Antibiotika zur Prävention von Krankheiten sowie zur Wachstumsförderung verwendet. Dies führt zunehmend zu der Entstehung von resistenten und multireisten Erregern. Diese Erreger sind gegen den Einsatz von einem oder sogar mehreren Antibiotika resistent. Sie können Menschen befallen und Infektionen auslösen, die durch den Einsatz von Antibiotika nicht mehr behandelt werden können. Diese Krankheiten können beispielsweise zu schwerwiegenden Blut- und Wundinfektionen oder Lungenentzündungen führen. Unbehandelt können jene Infektionen lebensbedrohlich sein (WHO, o.J.(b)).

In-vitro-Fleisch

Kultiviertes Fleisch könnte die oben genannten Probleme in der Zukunft möglicherweise lösen (Böhm, et al., 2017, p. 10).

Ein Hauptaspekt dieser Behauptung ist, dass in der Theorie keine Notwendigkeit mehr darin besteht, Antibiotika für die Produktion von IVF einzusetzen und somit auch keine multiresistenten Keime durch die Viehzucht entstehen würden. Dennoch wurden in der Vergangenheit Antibiotika für der Produktion von IVF eingesetzt, da die Zellkulturen kein Immunsystem besitzen. Ein Hauptrisiko für die Kontamination mit Krankheitserregern ist hierbei der Einsatz der tierischen Wachstumssera, welche möglicherweise Erreger übertragen können (Woll & Böhm, 2018, p. 16).

Ein weiterer Aspekt dieser Behauptung ist die Möglichkeit, dem IVF verschiedene Inhaltsstoffe zuzusetzen. So könnten beispielsweise die Qualität und Quantität von im Fleisch enthaltenen Fetten beeinflusst werden, um so eine günstigere Zusammensetzung der Fettsäuren zu erhalten. Dies könnte unter Umständen auch die Gefahr der Entstehung der zuvor beschriebenen Erkrankungen, welche durch hohen Fleischkonsum begünstigt werden, mindern (Tuomisto & Teixeira de Mattos, 2011, p. A). Darüber hinaus könnte IVF mit zusätzlichen Nährstoffen, wie etwa Vitaminen und Mineralstoffen, angereichert werden, welche einen positiven Einfluss auf die menschliche Gesundheit haben können. Dies ist allerdings noch nicht wissenschaftlich fundiert und bedarf somit weiterer Forschung (Böhm, et al., 2017, p. 11).

2.4. Aktueller Forschungsstand zur Verbraucherakzeptanz

2.4.1. Vorbemerkung

Betrachtet man den aktuellen Forschungsstand bezüglich der Verbraucherakzeptanz von neuen Agrarproduktionstechnologien, wie zum Beispiel zu genetisch modifizierten Produkten, Nanotechnologien und Klonung, so lassen sich bereits einige Studien aufzeigen. In den meisten Erhebungen stellt IVF jedoch nur einen Teilaspekt dar. Nur wenige Erhebungen setzen sich explizit mit der Verbraucherakzeptanz von IVF auseinander (Verbeke, et al., 2015a, p. 289). Im Folgenden werden sechs dieser Studien näher dargestellt und später. Eine Zusammenfassende Übersicht der Studienergebnisse befindet sich zudem im Anhang.

2.4.2. Erhebung in Belgien, Portugal und Großbritannien 2012

„'Would you eat cultured meat?': Consumers reactions and attitude formation in Belgium, Portugal and the United Kingdom"

Im Oktober 2012 führten der belgische Wissenschaftler Prof. Dr. Wim Verbeke mit seinen Kollegen Gruppendiskussionen mit Fokusgruppen aus Belgien, Portugal und Großbritannien durch. Diese umfassten 109 Personen. Ergänzt wurde diese Gruppendiskussion dann im Juli 2012 durch die Online-Befragung von 174 weiteren Probanden. Alle Teilnehmer wiesen eine omnivore Ernährungsform auf (Verbeke, et al., 2015b, p. 50). Es konnte zunächst festgestellt werden, dass sie IVF als ekelerregend und/oder unnatürlich empfanden. Die Probanden befürchteten gesundheitsschädliche Auswirkungen durch den Verzehr von IVF. Außerdem gab es Bedenken bezüglich des Verlusts von kulinarischen

Traditionen. Es wurden zudem ökologische Konsequenzen erwartet, wie beispielsweise der Verlust der Viehzucht und ein möglicher Verlust der Artenvielfalt. Die Befragten konnten nur wenige individuelle, positive Eigenschaften von IVF feststellen, da noch sehr viel Unsicherheit in Bezug auf den Geschmack und den Preis zu herrschen schien. Jedoch sahen die Teilnehmer mögliche positive Effekte auf die weltweite Gesellschaft, wie beispielsweise die Reduzierung des Welthungers. Insgesamt wird in dieser Studie davon ausgegangen, dass die Teilnehmer - und somit auch potentielle Konsumenten - vermutlich nicht dazu bereit sind, Kompromisse in Bezug auf Lebensmittelsicherheit sowie Verlust von sensorischen Eigenschaften beim Fleischverzehr einzugehen (Verbeke, et al., 2015b, pp. 55-57).

2.4.3. Erhebung in den Niederlanden 2013

„Kultiviertes Fleisch“

Das niederländische Forschungsinstitut *Flycatcher* führte im Jahr 2013 in den Niederlanden eine quantitative Umfrage zum Thema IVF durch und befragte hierfür 1296 Personen. Das Kernziel dieser Studie war es, herauszufinden, welche Meinung Niederländer zu IVF haben (Flycatcher Internet Research, 2013, pp. 1-2).

Der Großteil der Probanden (79%) hatte noch nie etwas von IVF gehört und lediglich ein kleiner Teil (14%) gab an zu wissen, was IVF ist. 7% der Stichprobe hatten schon einmal von IVF gehört, konnten diesen Begriff allerdings nicht zuordnen.

Mehr als zwei Drittel der Befragten (69%) sprachen sich in dieser Studie gegen IVF aus. Dennoch wären knapp mehr als die Hälfte der Probanden (52%) dazu bereit, IVF zu kaufen. Ein Viertel der Stichprobe würde dies nicht tun.

Eine weitere Frage beschäftigte sich mit den Gründen IVF nicht probieren zu wollen (Mehrfachantworten waren möglich). Hierbei gab eine deutliche Mehrheit (62%) an, dass sie IVF nicht probieren würden, da es genetisch verändert sei. Etwas weniger als die Hälfte der Befragten (41%) gab zudem an, dass sie es für ungesund hielten. Weitere 36% waren der Meinung, dass IVF nicht schmecken wird. Für ein knappes Viertel (24%) spricht der Verzehr von IVF gegen ihre Prinzipien und ein weiteres Viertel (27%) der Probanden sorgte sich um die mögliche Insolvenz von Viehzüchtern und Schlachthöfen. Ein geringer Teil (6%) würde es aus religiösen Gründen nicht probieren.Hinsichtlich der Frage, ob die Befragten bereit wären für IVF mehr zu bezahlen als für konventionelles Fleisch, sprach sich der Großteil (63%) dagegen aus. Knappe 12% der Teilnehmer wäre hingegen dazu bereit 5% mehr zu bezahlen, 14% wären dazu bereit 10% mehr zu bezahlen, wenige Probanden (8%) würden 20% mehr bezahlen und kaum jemand (3%) wäre bereit 30% mehr zu bezahlen. Keiner der Befragten erklärte sich dazu bereit 40% mehr für IVF auszugeben. Betrachtet man die Preisbereitschaft für IVF vor dem Hintergrund der Ernährungsform, so zeigt sich, dass 35% der Omnivoren und 11% der Vegetarier dazu bereit waren 20-50% mehr für IVF zu bezahlen als für konventionelles Fleisch. Rund ein Viertel der Omnivoren und Vegetarier war dazu bereit 5-10% mehr für IVF auszugeben. 40% der Omnivoren und 64% der Vegetarier würden allerdings nicht mehr Geld für IVF bezahlen (Flycatcher Internet Research, 2013, pp. 3-15) .

2.4.4. Erhebung in Belgien 2013

„Challenges and prospects for consumer acceptance of cultured meat“

Der belgische Wissenschaftler Prof. Dr. Wim Verbeke führte im Jahr 2013 eine weitere Erhebung in Belgien durch. Die Stichprobe betrug 180 Probanden, die allesamt aus der Stadt Flanders kamen. Dabei setzte sich die Stichprobe vor allem aus Studenten zusammen, die das 30. Lebensjahr noch nicht erreicht hatten und sich vor allem omnivor ernährten. Diese Studie wurde mittels einer Online-Befragung durchgeführt und untersuchte Kriterien bzw. Determinanten, welche die Akzeptanz der Verbraucher bezüglich des IVFs beeinflussen könnten. Außerdem sollten mögliche Reaktionen, Bedenken und Fragen der Verbraucher erfasst werden (Verbeke, et al., 2015a, pp. 285-290).

Zunächst wurden die Gründe für den Verzicht auf Fleisch ermittelt. Es zeigte sich, dass die meisten Teilnehmer in Bezug auf die ökologischen und gesundheitlichen Aspekte sowie die Ablehnung der Praktiken der Tierhaltung, tendenziell neutral eingestellt waren. Eine tendenzielle Ablehnung erlangte allerdings die Aussage, dass Fleisch zu teuer wäre (Verbeke, et al., 2015a, p. 290).

In Bezug auf IVF zeigte die Studie, dass ca. die Hälfte der Probanden (51%) noch nie etwas von IVF gehört hatten. Ein gutes Drittel (36%) hatte lediglich schon einmal von IVF gehört und nur wenige (13%) gaben an, auch zu wissen, was IVF ist.

Die Studie ermittelte außerdem, dass zusätzliche Informationen über die positiven Eigenschaften von IVF dazu führen, dass die Befragten eher dazu bereit wären, IVF zu probieren. So wollten zunächst 9,7% der Befragten IVF nicht probieren, anschließend waren es nur noch 6,1%.

Beide Ergebnisse zeigten jedoch auch, dass jeweils mehr als 90% der Befragten dazu bereit wären, IVF zu probieren.
Als ein weiterer wichtiger Faktor stellte sich die Zahlbereitschaft der Verbraucher heraus, denn mehr als ein Drittel (36%) der Befragten wollte nicht mehr für IVF bezahlen.
Die Teilnehmer bewerteten IVF in Bezug auf den Nährstoffreichtum sowie in Bezug auf ökologische und ethische Aspekte tendenziell eher negativ. Jedoch bewerteten die Testpersonen IVF in Bezug auf die Gesundheit tendenziell eher positiv und auf die Sicherheit sehr positiv. Im Vergleich zu konventionellem Fleisch bewerteten die Befragten IVF außerdem als nachhaltiger, aber auch schlechter schmeckend. Bei dem Ausblick, ob IVF in der Zukunft eine Alternative zu konventionellem Fleisch darstellen könnte, bewerteten die Befragten IVF tendenziell als gut, machbar, akzeptabel, wirksam und als eine langfristige Lösung (Verbeke, et al., 2015a, pp. 290-291).

2.4.5. Weltweite Erhebung 2014-2015

„Educated consumers don't believe artificial meat is the solution to the problems with the meat industry“
Hierbei handelt es sich um eine weltweit durchgeführte, quantitative Befragung. Die Untersuchung wurde mit drei verschiedenen Stichproben durchgeführt, die insgesamt 1890 Personen - hauptsächlich Akademiker - umfasste. Alle drei Stichproben erhielten den gleichen Fragebogen (Hocquette, et al., 2015, pp. 273-275).
Die Studie zeigte unter anderem, dass mehr als die Hälfte der Befragten aller drei Stichproben der Meinung war, dass die zukünftige Etablierung von IVF möglich und auch realistisch sei. Dabei sahen viele der Probanden Probleme bei der Fleischindustrie in Bezug auf die Lösung des Welthungerproblems, der Umweltverschmutzung und der Tierwohls.

Jedoch sahen die Befragten durch den Verzehr von IVF keine Lösung dieser Probleme, sondern eher in der Reduktion des Fleischkonsums. Eine deutliche Mehrheit der Befragten war außerdem der Meinung, dass IVF von den Verbrauchern nicht akzeptiert bzw. konsumiert werden wird. Insgesamt wirkte IVF auf die Befragten unnatürlich und schlechter schmeckend als herkömmliches Fleisch (Hocquette, et al., 2015, pp. 276-280).

2.4.6. Erhebung in den USA 2016

„Attitudes to in vitro meat: A survey of potential consumers in the United States"

Diese Online-Befragung wurde im Jahr 2016 in den USA durchgeführt. Es wurden 673 Personen zwischen 18 und 70 Jahren befragt. Ziel dieser Erhebung war es, die Wahrnehmung in Bezug auf IVF zu untersuchen und mögliche Faktoren zu identifizieren, die die Meinung der Verbraucher beeinflussen könnten.

Die Ergebnisse zeigen, dass ein Großteil der Befragten dazu bereit war sich mit IVF auseinander zu setzten. Die meisten Befragten (66,7%) waren dazu bereit IVF zu probieren. Ein knappes Viertel (24,1%) der Befragten würden IVF jedoch nicht probieren. Insgesamt konnte beobachtet werden, dass Männer jedoch offener dafür waren IVF zu probieren als Frauen.

Eine der Hauptsorgen der Teilnehmer in Bezug auf IVF war ein erwarteter hoher Preis. Von den Befragten, die IVF probieren würden, wären nur knappe 17,5% dazu bereit mehr für IVF zu bezahlen, etwas weniger als die Hälfte würden weniger Geld bezahlen wollen und etwas mehr als ein Drittel der Befragten würden genauso viel wie für herkömmliches Fleisch bezahlen. Neben dem erwarteten Preis bestanden außerdem noch Sorgen um die sensorischen Eigenschaften von IVF, insbesondere den Geschmack und das Aussehen. Im Kontext der Ernährungsform zeigt die Studie, dass Vegetarier und Veganer im Vergleich zu herkömmlichem Fleisch eher Vorteile des IVFs wahrnehmen. Dennoch ist die Bereitschaft dazu IVF zu probieren gering. Die Befragten bewerteten IVF verglichen mit konventionellem Fleisch durchschnittlich als etwas weniger natürlicher, lecker und attraktiv, aber auch als sehr viel umweltfreundlicher und ethisch vertretbarer. Die Antworten einer weiteren Fragestellung zeigte außerdem, dass auch positive Eigenschaften von IVF wahrgenommen wurden. Viele der Befragten tendierten zu der Meinung, dass IVF die Tierschutzbedingungen verbessern, zur Lösung des weltweiten Hungerproblems beitragen und die Auswirkungen der globalen Erwärmung im Zusammenhang mit der Landwirtschaft reduzieren würde (Wilks & Phillips, 2017, pp. 1-9).

2.4.7. Erhebung in Deutschland 2015-2017

„Visionen von In-vitro-Fleisch - Analysen der technischen und gesamtgesellschaftlichen Aspkte und Visionen von In-vitro-Fleisch (VIF) (2015-2017)“

Im Verlauf des Projektes „Visionen von In-vitro-Fleisch“, welches unter der Leitung der italienischen Philosophin Dr. Arianna Ferrari durchgeführt wurde, wurde 2016 eine qualitative Erhebung zu der Akzeptanz von IVF durchgeführt. Die Erhebung wurde in zwei Schritten durchgeführt und bestand zum einen aus Gruppendiskussionen zweier Fokusgruppen - mit jeweils fünf Teilnehmern - und zum anderen aus einer sogenannten „Bürger-Jury“.

Die Gruppendiskussionen zeigten, dass viele Teilnehmer zunächst viele potentielle Risiken und Gefahren wahrnahmen, wie zum Beispiel das dauerhafte Quälen der Tiere durch eine kontinuierliche und regelmäßige Entnahme von Stammzellen. Eine weitere Gefahr sahen die

Teilnehmer in einem möglichen Anstieg des Fleischkonsums. Ebenfalls war zu beobachten, dass viele Teilnehmer IVF auf den ersten Blick als unnatürlich empfanden, es jedoch probieren würden, sofern keine Tiere für die Entnahme der Stammzellen leiden müssten. Einige Personen sahen hingegen auch positive Eigenschaften von IVF. So waren eine potentielle Verbesserung der Tierhaltung sowie die Schonung der Umwelt positiv wahrgenommene Aspekte (Ferrari, 2018, pp. 30-31).

Im zweiten Teil der Erhebung debattieren Verbraucher und Experten. Die „Bürger-Jury“ bestand aus elf Verbrauchern zwischen 18 und 25 Jahren sowie drei Experten (Befürworter und Gegner von IVF). Zwei Tage lang konnten sich die Teilnehmer austauschen und ihre Ergebnisse anschließend zusammenfassen. Sie kamen unter anderem zu dem Ergebnis, dass pflanzliche Lebensmittel eine bessere Alternative zur Lösung der durch die Viehzucht entstehenden Probleme wären. IVF wäre allerdings auch die deutlich realistischere Alternative. Insbesondere wurde der positive Effekt auf die Umwelt und damit die Schonung der Ressourcen, den Erhalt der Biodiversität und die geringere Verschmutzung der Böden und Gewässer hervorgehoben. Auch der Tierschutz und die mögliche Lösung des Welthungerproblems wurden hierbei benannt.
Jedoch erkannten die Teilnehmer auch negative Aspekte von IVF. Die gesundheitsschädlichen Auswirkungen von IVF sowie der Einfluss auf den Umgang der Menschen mit der Ernährung wurden hier explizit benannt. Außerdem befürchteten die Teilnehmer, dass einige Menschen in den Entwicklungsländern ihr Existenzgrundlage durch IVF verlieren könnten (Ferrari, 2018, pp. 31-44).

3. Empirische Untersuchung

Im nachfolgenden Teil wird eine eigene empirische Untersuchung dargestellt. Zunächst werden dafür die zentrale Zielsetzung dieser Erhebung sowie die Hypothesenbildung beschrieben. Bei der Erläuterung des methodischen Vorgehens wird zunächst auf die Gründe für das gewählte Untersuchungsdesign bzw. Untersuchungsinstrument näher eingegangen. Anschließend wird die Stichprobe charakterisiert und der Fragebogenaufbau näher beschrieben. Danach erfolgt die Beschreibung der Durchführung der Erhebung sowie die Vorgehensweise bei der Dateneingabe und -auswertung inklusive der verwendeten statistischen Methoden und Programme. Zum Abschluss dieses Kapitels werden die Ergebnisse dargestellt. Dafür wird zunächst die deskriptive Statistik vorgestellt. Im Anschluss erfolgt die Überprüfung, also Verifizierung bzw. Falsifizierung der zuvor aufgestellten Hypothesen.

3.1. Zielsetzung und Hypothesenbildung

Ziel dieser empirischen Erhebung ist die Untersuchung der Wahrnehmung deutscher Verbraucher in Bezug auf IVF. Es handelt sich bei dieser Erhebung um eine Grundlagenforschung, da bisher nur wenige Erhebungen zu der Akzeptanz von IVF durchgeführt wurden. Darüber hinaus gibt es bisher keine quantitative Befragung der deutschen Verbraucher. Im Weiteren sollen deshalb die bisher gewonnenen Ergebnisse durch die vorliegende quantitative Erhebung ergänzt und erweitert werden. Mithilfe der hierfür gewonnenen Ergebnisse dieser Erhebung soll der erste Teil der übergeordneten Forschungsfrage dieser Arbeit beantwortet werden:

Wie nehmen deutsche Verbraucher In-vitro-Fleisch als Alternative zur konventionellen Fleischherstellung wahr?

Diese Fragestellung impliziert verschiedene Aspekte. Zum einen soll festgestellt werden, ob die Verbraucher bereits Kenntnisse in Bezug auf IVF besitzen. Es sollen außerdem die Erwartungen der Verbraucher in Bezug auf den erwarteten Preis, den Geschmack, die Gesundheit und ökologische Aspekte eruiert werden. Zudem soll ermittelt werden, inwiefern die Verbraucher dazu bereit wären, IVF zu probieren oder zu kaufen. Ein weiterer Aspekt dieser Umfrage beschäftigt sich mit der Zahlbereitschaft der Verbraucher im Vergleich zu konventionellem Fleisch. Über dies soll ermittelt werden, ob sich die Verbraucher eine zukünftige Etablierung von IVF im Einzelhandel vorstellen können.

Für die Beantwortung der Forschungsfrage wurden somit die untenstehenden Hypothesen aufgestellt. Diese sollen im Verlauf dieser Arbeit verifiziert bzw. falsifiziert werden (siehe Kapitel 3.3.2.).

- Hypothese 1: Es besteht ein Zusammenhang zwischen dem Ernährungsverhalten und der Bekanntheit von IVF
- Hypothese 2: Es besteht ein Zusammenhang zwischen dem Ernährungsverhalten und der Probier- und Kaufbereitschaft von IVF
- Hypothese 3: Es besteht ein Zusammenhang zwischen der Häufigkeit des Fleischverzehrs und der Zahlbereitschaft für IVF
- Hypothese 4: Die Wahrnehmung von In-vitro-Fleisch wird positiver, wenn eine eher positive Informationsgabe über IVF erfolgt

3.2. Methodisches Vorgehen

3.2.1. Untersuchungsdesign und -Instrument

Bei der Erhebung handelt es sich um eine quantitative nicht-experimentelle Feldstudie. Es wird ein Querschnittsdesign verwendet, da die Daten - im Gegensatz zu einer Längsschnittstudie - nur zu einem bestimmten Zeitpunkt erhoben wurden (Altobelli, 2017, pp. 35, 187).

Als Untersuchungsinstrument wurde eine standardisierte Online-Befragung durchgeführt. Der womöglich größte Vorteil dieser Methode liegt in der kostengünstigen und schnellen Rekrutierung der Testpersonen, da die Testpersonen einfach über das Internet, wie zum Beispiel via E-Mail oder soziale Netzwerke, erreicht werden können. Durch die Erfassung der Daten über ein Befragungsprogramm können die Ergebnisse darüber hinaus automatisch in eine Statistik-Software exportiert und innerhalb dieser ausgewertet werden. Eine solche Befragung kann somit innerhalb weniger Wochen abgeschlossen werden. Ein weiterer Vorteil der Online-Befragung ist, dass eine solche ohne einen Interviewer durchgeführt wird, sodass eine Beeinflussung durch diesen ausgeschlossen werden kann (Interviewer Effekt) (Jacob, et al., 2011, pp. 116-118).

Ebenfalls positiv anzumerken ist der Ausschluss des *Item Nonresponse* [*engl: Antwortausfall*], da die Teilnehmer unmittelbar auf unausgefüllte Fragen hingewiesen werden. Ein *Item Nonresponse* hätte zur Folge, dass die Umfrage nicht vollständig abgeschlossen werden würde und somit wichtige Daten bei der Auswertung nicht zur Verfügung stehen würden (de Leeuw, et al., 2003, p. 153).

3.2.2. Stichprobe

Grundgesamtheit und Stichprobenauswahl

Die Grundgesamtheit beinhaltet alle in Deutschland lebenden Personen, die dazu in der Lage wären, IVF käuflich zu erwerben. Weil diese Grundgesamtheit sehr groß ist, ist eine Befragung aller Personen dieser Bevölkerungsgruppe nicht möglich. Aus zeitlichen und kostentechnischen Gründen wurde daher lediglich eine Teilerhebung durchgeführt. Es handelt sich zudem hierbei um eine willkürliche Stichprobenauswahl, da der Umfragelink im Familien-, Freundes- und Bekanntenkreis sowie im Studien- und Arbeitsumfeld geteilt wurde.

Beschreibung der Stichprobe

Die ursprüngliche Stichprobe bestand aus 400 Teilnehmern, wobei 75 Teilnehmer die Umfrage vorzeitig beendeten (Drop-out-Rate von 18,75%). Dabei konnte beobachtet werden, dass 29 Personen die Umfrage bereits nach der ersten Frage abbrachen. Weitere fünf Personen folgten nach der zweiten Frage, 17 Personen nach der dritten Frage, drei Personen während der vierten Frage, 19 Personen während der fünften Frage sowie jeweils eine Person nach den Fragen 6a und 6b. Über die Gründe des frühzeitigen Abbruchs dieser Testpersonen konnten keine aussagekräftigen Schlüsse gezogen werden. Dies liegt vor allem daran, dass soziodemografische und ökologische Merkmale erst am Ende der Erhebung abgefragt wurden und auch lediglich Tendenzen zum Zeitpunkt des Ausscheidens erkennbar waren. Es fehlten damit wichtige Daten dieser Teilnehmer, weshalb diese Datensätze für die Auswertung nicht weiter berücksichtigt wurden. Die gültige Stichprobe (n=325) bestand somit aus 245 weiblichen (75,4%) und 76 männlichen

Personen (23,4%) sowie vier Personen anderen Geschlechts (1,2%) (siehe Abbildung 4).

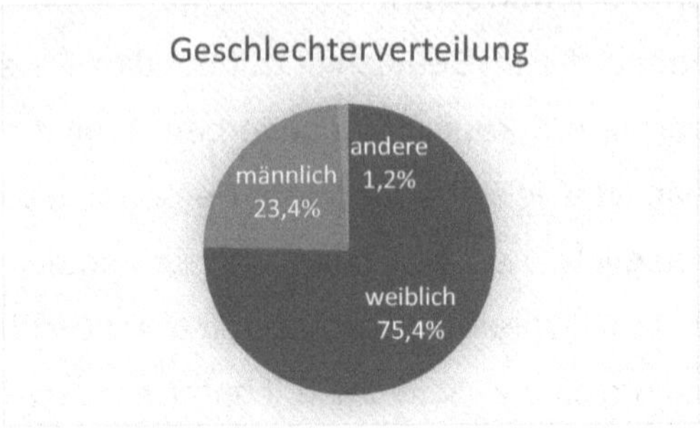

Abbildung 4 Geschlechterverteilung in der Stichprobe (n=325)

Betrachtet man die Tabelle 1, so ist außerdem zu erkennen, dass 78,5% der Befragten der Altersgruppe zwischen 18 und 30 zuzuordnen sind. Diese Altersverteilung ist vermutlich darauf zurückzuführen, dass die Umfrage hauptsächlich - wie bereits erwähnt - im Freundes-, Familien- Arbeits- und Bekanntenkreis sowie unter den Studierenden der HAW Hamburg geteilt wurde.

Häufigkeit/ Altersklasse	Absolute Häufigkeit	Relative Häufigkeit in %
Unter 18	0	0,0
18-30	255	78,5
31-45	39	12,0
46-60	23	7,1
Über 60	8	2,5
Gesamt	325	100,0

Tabelle 1 Altersverteilung in der Stichprobe nach Altersgruppen (n=325)

Es ist deshalb auch davon auszugehen, dass viele Studierende mit dem höchsten Bildungsabschluss „(Fach-)Abitur“ (38,5%) befragt wurden und aller Voraussicht nach, einen akademischen Abschluss anstreben. In Abbildung 5 ist zu erkennen, dass außerdem ein Großteil der

Befragten (43,1%) Akademiker waren. Diese Bevölkerungsgruppe ist folglich überrepräsentiert, weshalb jegliche Aussagen bezüglich der Bildung wenig aussagekräftig wären.

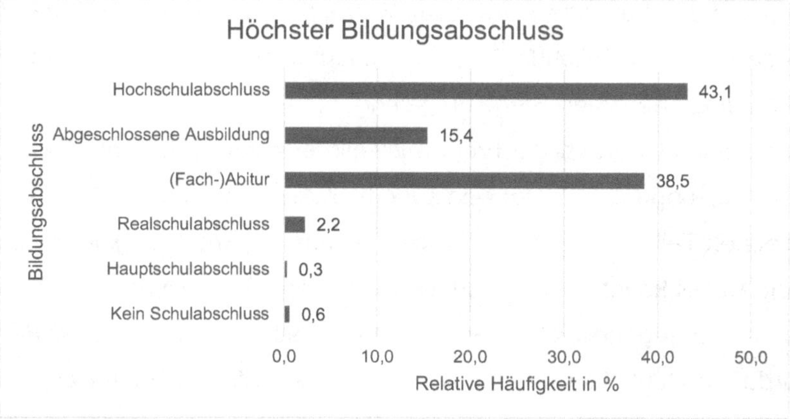

Abbildung 5 Höchster erreichter Bildungsabschluss der Stichprobe (n=325)

3.2.3. Aufbau des Fragebogens

Um die zentrale Forschungsfrage dieser Erhebung beantworten zu können, wurden zunächst Programmfragen entwickelt, welche zur anschließenden Entwicklung der Testfragen dienen sollten:

1. *Kennen die Verbraucher IVF?*
2. *Wie nehmen die Verbraucher IVF in Bezug auf erwarteten Preis, Gesundheit, Geschmack und ökologische Aspekte wahr?*
3. *Würden die Verbraucher IVF probieren oder sogar kaufen wollen?*
4. *Wie viel würden die Verbraucher für IVF bezahlen?*
5. *Glauben die Verbraucher, dass IVF eine zukünftige Alternative zu konventionellem Fleisch darstellen kann?*

Bei der anschließenden Entwicklung der Testfragen wurden hauptsächlich geschlossene Fragen mit nur einer Antwortmöglichkeit (Selektionstyp) erstellt. Dieser Fragetyp ist durch die Testpersonen schnell und einfach zu beantworten (Barth, 1998, pp. 3-4). Zur Verhinderung des in Kapitel 3.2.1. beschriebenen *Item Nonresponse* wurde jede Frage des Fragebogens als Pflichtfeld markiert und musste somit beantwortet werden, um zur nächsten Frage zu gelangen.

Nachstehend werden die Fragen jeweils erläutert. Die finale Fassung des Fragebogens befindet sich zudem im Anhang.

Im ersten Teil der Erhebung (Frage 1) wurde die Ernährungsform abgefragt. Dabei konnte zum einen zwischen vegetarischer bzw. pescetarischer oder veganer Lebensweise unterschieden werden. Zum anderen wurde die Häufigkeit des Fleischverzehrs abgefragt. Diese Personengruppe wurde für die Hypothesenprüfung zu dem Überbegriff der Omnivoren zusammengefasst.

Bei der zweiten Frage wurden mögliche Gründe für den Verzicht auf Fleisch abgefragt. Die darauffolgende Frage (Frage 3) beschäftigte sich mit der Bekanntheit von IVF. Hierbei sollte ermittelt werden, ob die Teilnehmer schon einmal von IVF gehört haben oder sogar bereits Wissen über IVF besitzen.

Die vierte Frage zielte darauf ab, die Einstellung in Bezug auf IVF im Vergleich zur konventionellen Fleischherstellung abzufragen. Dies geschah über eine Fünf-Punkte-Likert-Skala von eins (viel besser) bis fünf (viel schlechter) in den folgenden Kategorien: Klimafreundlichkeit (zum Beispiel Emission von Treibhausgasen), Ressourcenschonung (zum Beispiel Wasserverbrauch, Bodennutzung), Natürlichkeit, Gesundheit, Risiko für die Übertragung von Krankheitserregern (zum Beispiel Salmonellen) und Geschmack. Es wurde angenommen, dass nur wenige der befragten Personen fundiertes Wissen über IVF besitzen, weshalb

im Anschluss an die vierte Frage ein Informationstext eingeblendet wurde, welcher bewusst ein eher positives Bild von IVF übermittelte. Im Anschluss an diesen Text wurde die vorhergegangene Frage wiederholt (Frage 5), um zu ergründen welchen Einfluss eine eher positiv formulierte Informationsgabe auf die Wahrnehmung der Befragten hat.
Die intrinsische Motivation ein solches Produkt zu probieren oder sogar zu kaufen ist ein wichtiger Faktor bei der Vermarktung eines Produktes. Diese Motivation sollte mithilfe der Frage 6a ermittelt werden. Hierbei wurde abgefragt, ob die Teilnehmer IVF probieren bzw. kaufen würden. Zur Antwort standen lediglich die Auswahlmöglichkeiten „trifft zu“ oder „trifft nicht zu“ zur Verfügung. Hiermit sollte erreicht werden, dass die Teilnehmer eine Entscheidung treffen müssen und sich nicht durch eine neutrale Antwort, wie beispielsweise „kann ich nicht beurteilen“, der Frage entziehen können.
Im Anschluss an die Frage 6a, sofern diese mit „trifft nicht zu“ beantwortet wurde, wurde die Frage 6b eingeblendet. Diese Frage sollte ergründen, warum die Teilnehmer IVF nicht probieren würden. Es wurde deshalb hier ein offenes Fragendesign gewählt.
Im Anschluss erfolgten durch die Fragen 7 und 8 die Abfrage nach der Preiseinschätzung und der Zahlbereitschaft für IVF im Vergleich zu konventionellem Fleisch.
Die letzte Frage des Hauptteils (Frage 9) bezog sich auf die Zukunftsvision von IVF. Hierbei wurde ermittelt, ob die befragten Personen für IVF eine Zukunft sehen. Die Teilnehmer sollten dabei einschätzen, inwiefern sich IVF in der Gesellschaft etablieren wird oder nicht.
Abschließend wurden die soziodemografischen Merkmale Geschlecht (Frage 10), Altersgruppe (Frage 11) und der höchste erreichte Bildungsabschluss (Frage 12), abgefragt.

Die Umfrage umfasste somit insgesamt zwölf Fragen, wodurch die Beantwortung in der Regel nicht länger als fünf bis zehn Minuten gedauert haben sollte.

3.2.4. Durchführung der Erhebung

Nach der Erstellung des standardisierten Fragebogens mithilfe des Umfragetools *Umfrage-online* wurde ein Pretest mit zwei Kommilitonen aus dem Studiengang Ökotrophologie durchgeführt. Im Anschluss wurden die Verbesserungsvorschläge in der Umfrage umgesetzt (Anmerkungen aus dem Pretest befinden sich im Anhang). Die Umfrage wurde anschließend über die sozialen Plattformen Whatsapp und Facebook® sowie via E-Mail veröffentlicht und geteilt. Die Umfrage stand unter dem Link https://www.umfrageonline.com/s/15fe3d3 vom 08.11.2018 bis zum 25.11.2018 zur Beantwortung zur Verfügung.

3.2.5. Vorgehensweise bei der Dateneingabe und -auswertung

Für die Auswertung der Umfrage wurde die Statistsik-Software *IBM® SPSS Statistics* verwendet. Zunächst wurden den Fragen bzw. Merkmalen Variablenbezeichnungen zugeordnet und im Anschluss die einzelnen Antwortmöglichkeiten bzw. Merkmalsausprägungen in Zahlen umcodiert. Die Variable „Geschlecht" erhielt nach der Umcodierung beispielsweise die Merkmalsausprägungen 1 für „weiblich", die Zahl 2 für „männlich" und die Zahl 3 für „andere". Es folgte die Festlegung des Messniveaus (nominal oder ordinal) für jede Variable sowie die Zuordnung des Variablentyps „numerisch" für jede Variable.

Im Anschluss erfolgte die Datenbereinigung in zwei Schritten. Im ersten Schritt wurden zunächst alle Fälle mit fehlenden Daten - also nicht abgeschlossene Fragebögen - aus der SPSS®-Datei entfernt. Im zweiten Schritt wurden die Antworten offener Antwortfelder zu den vorgegebenen Antwortmöglichkeiten zugeordnet. Bei der ersten Frage gab es ein Antwortfeld für „andere Ernährungsformen“. Hier konnten sechs aus acht Antworten den bestehenden Antwortmöglichkeiten zugeteilt und zwei in die neue Kategorie „Andere“ zugeteilt werden. Bei der zwölften Frage gab es ein Antwortfeld für „andere Abschlüsse“. Hier konnten neun von neun Antworten den vorgegebenen Antwortmöglichkeiten zugeordnet werden.

Die Daten für die Frage 6b wurden im nächsten Schritt aus der SPSS®-Datei gelöscht, da diese separat in Excel® ausgewertet wurden.

Schließlich erfolgte die Auswertung der Daten mithilfe von deskriptiven Statistikmethoden. Es wurden Mittelwerte und relative Häufigkeiten berechnet, welche in gültigen Prozenten angegeben wurden. Darüber hinaus wurden Kreuztabellen erstellt, welche zur Gegenüberstellung von Häufigkeitsverteilungen verschiedener Variablen dienten. Die Überprüfung der Hypothesen erfolgte anschließend mithilfe von verschiedenen Verfahren der Dependenzanalyse, welche durch SPSS® berechnet wurden. Die weitere Darstellung der Daten in Tabellen und Grafiken erfolgte zur besseren Darstellung auf Grundlage der Daten aus SPSS® in Excel®.

3.3. Ergebnisdarstellung

3.3.1. Deskriptive Statistik

Mithilfe der ersten Frage des Fragebogens wurde das Ernährungsverhalten der Teilnehmer abgefragt. Hierbei zeigte sich, dass insgesamt 73,8% der Befragten angaben Fleisch zu verzehren (diese wurden als Omnivoren zusammengefasst). Die Mehrheit (52,0%) dieser

Omnivoren gab an, 2-4x pro Woche Fleisch zu verzehren. Unter den Befragten gaben außerdem 20,3% an, sich vegetarisch bzw. pescetarisch zu ernähren. 5,2% gaben eine vegane Ernährungsweise an. Weitere 0,6% (4 Teilnehmer) waren einer anderen Ernährungsweise zuzuordnen. Aus diesem Grund wurden diese Teilnehmer bei der Überprüfung der Hypothesen 1 bis 3 nicht berücksichtigt (siehe Abbildung 6).

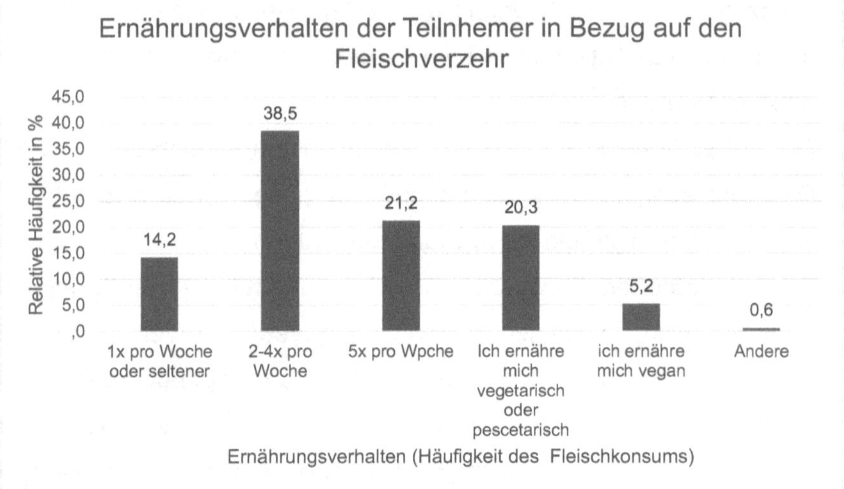

Abbildung 6 Ernährungsverhalten der Teilnehmer in Bezug auf den Fleischverzehr

Bei der zweiten Frage sollten verschiedene Gründe für einen Fleischverzicht der Wichtigkeit nach geordnet werden (1 bis 6). Werden die Mittelwerte ($\bar{x}$) dieser Fragestellung betrachtet, so ist zu erkennen, dass es bei den meisten Teilnehmern (53,2%) eine deutliche Tendenz dazu gab, die Antwortmöglichkeit „weniger Tierleid" als am wichtigsten einzustufen ($\bar{x}$ = 2,01). Darauf folgte die geringere Umweltbelastung mit einem Mittelwert von 2,46, die Annahme, dass eine vegetarische Lebensweise gesünder sei ($\bar{x}$ = 2,67), die Aussage, dass vegetarische Lebensmittel nachhaltiger wären ($\bar{x}$ = 3,72) sowie die geringe Verbreitung von Krankheitserregern

Anhand der generierten Ergebnisse werden anschließend Ideen und

Anregungen für zukünftige Forschungsvorhaben gegeben. ($\bar{x}$ = 4,15). Am unwichtigsten erschien den Teilnehmern die Aussage, dass vegetarische Produkte günstiger sind ($\bar{x}$ = 4,99).

In Abbildung 7 ist der Bekanntheitsgrad von IVF dargestellt. Bei dieser Frage gaben insgesamt 75,4% der Befragten an, zumindest den Begriff IVF zu kennen. Davon gaben knapp 56% der Befragten an, zu wissen, worum es sich bei IVF handelt. Fast ein Viertel der Befragten hatte noch nie von IVF gehört.

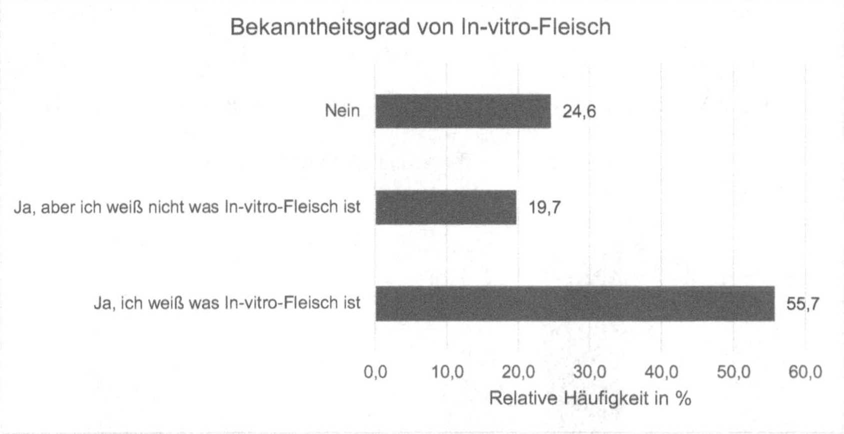

Abbildung 7 Bekanntheitsgrad von In-vitro-Fleisch (n=325)

Die Auswertung der Frage 4 lässt erkennen, dass die Erwartung an IVF in den Kategorien „Natürlichkeit" ($\bar{x}$ = 4,12) und „Geschmack" ($\bar{x}$ = 3,63) schlechter als bei konventionellem Fleisch eingeschätzt wurden. In den anderen Kategorien wurde IVF jedoch tendenziell besser bewertet. Betrachtet man zum Beispiel die Kategorien „Klimafreundlichkeit" ($\bar{x}$ = 1,85), „Ressourcenschonung" ($\bar{x}$ = 1,82) und „Risiko für die Übertragung von Krankheitserregern" ($\bar{x}$ = 2,17), so sind diese durchschnittlich als „etwas besser" als im Vergleich zu konventionellem Fleisch beurteilt worden. Der Gesundheitsaspekt wurde von den Teilnehmern eher neutral gewertet ($\bar{x}$ = 3,01). Betrachtet man im Vergleich dazu die Ergebnisse der Frage 5, so zeigt sich, dass die Kategorie „Klimafreundlichkeit“ mit durchschnittlich 2,03 bewertet wurde. In der Kategorie „Ressourcenschonung“ liegt der Mittelwert bei 2,09, in der Kategorie „Natürlichkeit“ bei 3,83. Die Gesundheit wurde mit durchschnittlich 2,58 bewertet und das Risiko für die Übertragung von Krankheitserregern mit 2,23. Die Standardabweichung ist bei den Aussagen der Fragen 4 und 5 nahezu gleichbleibend und nimmt Werte zwischen 0,76 und 1,20 an.

Bei der Frage nach der Bereitschaft IVF zu probieren oder zu kaufen, gaben 78,2% der Befragten an, IVF probieren zu wollen, wobei nur 40,9% der Befragten IVF auch kaufen würde (siehe Abbildung 8).

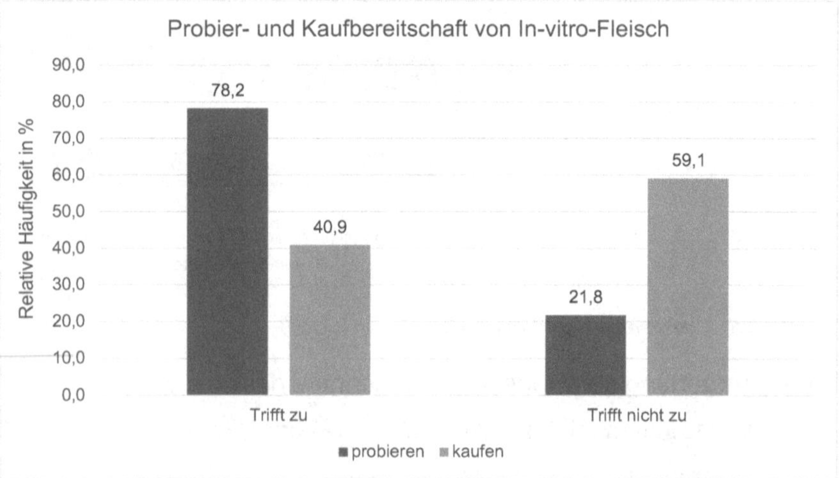

Abbildung 8 Probier- und Kaufbereitschaft der Teilnehmer in Bezug auf In-vitro-Fleisch (n=325)

Bei der Frage 6b wurden die Gründe abgefragt, IVF nicht probieren zu wollen. Diese Fragestellung beantworteten 66 Personen. Zwei Antworten waren leider unvollständig bzw. unzureichend formuliert, weshalb diese nicht auswertbar waren.

Die Antworten wurden in acht Gruppen unterteilt, welche in Tabelle 2 dargestellt sind. Wird diese Tabelle betrachtet, so ist zu erkennen, dass sehr viele der Befragten angaben, vegetarisch/pescetarisch oder vegan zu leben und deshalb IVF nicht probieren würden. Auffallend war hierbei, dass einige Personen angaben, kein Bedürfnis nach Fleisch zu empfinden. Hierbei fielen oftmals Aussagen, wie „mir fehlt Fleisch in meiner Ernährung nicht" oder „ich mag kein Fleisch". Eine weitere Kategorie bildeten die Personen, die IVF als künstlich oder unnatürlich empfanden. Prägnante Aussagen waren hierbei unter anderem: „Dann verzichte ich lieber ganz auf Fleisch als etwas künstlich Erzeugtes zu essen" oder „die Vorstellung herangezüchtetes Fleisch zu essen finde ich gruselig". Einige Teilnehmer waren außerdem darüber besorgt, dass den Tieren durch die Stammzellenentnahme Schmerzen zugefügt werden. Zwei weitere Teilnehmer äußerten den Verdacht, dass IVF nicht umweltfreundlicher sei. Ein Beispiel hierfür ist die folgende Aussage: „Weil es für mich nicht natürlich ist und ich hier mehr auf die Natur vertraue. Des Weiteren denke ich, dass durch den großen Energieaufwand zur Herstellung immer noch sehr viele Emissionen zur Energieerzeugung ausgestoßen werden (Atomkraft zur Stromerzeugung)".
Zwei Teilnehmer gaben außerdem an, mehr Informationen über IVF zu benötigen. Beispielhaft hierfür ist die Aussage: „Weil ich keine Forschung dazu kenne, zu wenige Informationen habe und es noch nie gesehen habe". Eine Person empfand IVF als nicht hochwertig genug und bevorzugt lieber Bio-Fleisch. Ein weiterer Teilnehmer gab an, dass IVF genauso ungesund wie konventionell produziertes Fleisch sei und eine Person würde lieber weniger Fleisch verzehren.

Gruppen	Absolute Häufigkeit
Ich ernährt mich vegetarisch/pescetarisch oder vegan	40
In-vitro-Fleisch erscheint mir künstlich/unnatürlich	14
Die Tiere werden auch bei der Herstellung von In-vitro-Fleisch verletzt	3
In-vitro-Fleisch ist nicht umweltfreundlicher	2
Ich benötige mehr Informationen zu In-vitro-Fleisch	2
In-vitro-Fleisch ist nicht hochwertig	1
In-vitro-Fleisch ist genauso ungesund wie konventionelles Fleisch	1
Ich würde lieber weniger Fleisch verzehren	1
Gesamt	**64**

Tabelle 2 Gründe In-vitro-Fleisch nicht zu probieren (n=64)

Wird die Abbildung 9 betrachtet, so sind dort die Preiserwartung und Zahlbereitschaft der Teilnehmer zu erkennen. Hierbei war zu beobachten, dass eine deutliche Mehrheit von 81,5% einen höheren Preis im Vergleich zu konventionellem Fleisch erwartete. 35,7% vermuteten, dass IVF 30% teurer sein wird. Weitere 28,3% gingen davon aus, dass IVF sogar 50% teurer sein wird. Nur 9,5% vermuteten, dass IVF günstiger sein wird sowie weitere 8,9%, die einen gleichen Preis erwarteten. Die Zahlbereitschaft sah hingegen anders aus: Etwas mehr als die Hälfte (52,0%) der Befragten gab an, generell mehr für IVF zu bezahlen, wobei ein knappes Viertel der Teilnehmer 10% mehr bezahlen würden, ein Fünftel würde 30% mehr bezahlen und nur 6,2% würden bis zu 50% mehr bezahlen. Die andere Hälfte (48,0%) war nicht dazu bereit mehr für IVF zu bezahlen.

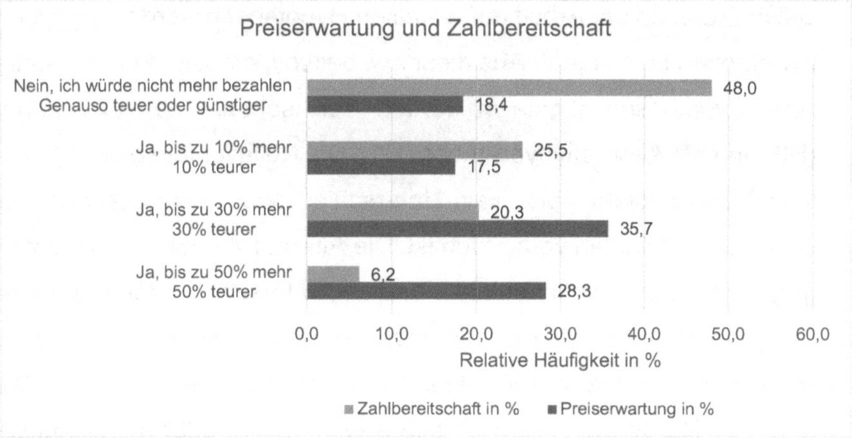

Abbildung 9 Preiserwartung und Zahlbereitschaft der Teilnehmer (n=325)

Bezüglich der zukünftigen Etablierung von IVF in der Gesellschaft zeigte sich, dass mehr als die Hälfte der Teilnehmer eine zukünftige Etablierung von IVF sah, wobei lediglich 7,4% fest davon überzeugt waren. Mehr als ein Drittel (34,8%) sah für IVF keine Zukunft („nein, wahrscheinlich nicht" und „nein, auf keinen Fall") und weitere 12,3% konnten es nicht beurteilen.

3.3.2. Hypothesenprüfung

3.3.2.1. Statistischer Exkurs

Die in Kapitel 3.1. aufgestellten Arbeitshypothesen können in einseitige und zweiseitige Hypothesen unterschieden werden. Während einseitige Hypothesen eine Richtung des Unterschieds bzw. des Zusammenhangs zwischen den Variablen aufzeigen (gerichtete Hypothese), sind zweiseitige Hypothesen ungerichtet formuliert (Schäfer & Schöttker-Königer, 2015, pp. 67-68). Demnach handelt es sich bei den Hypothesen 1, 2 und 3 um ungerichtete und bei der Hypothese 4 um eine gerichtete Hypothese.

Die im Rahmen der Arbeit aufgestellten Hypothesen werden als Arbeitshypothesen bezeichnet. Aus diesen Arbeitshypothesen können statistische Hypothesen abgeleitet werden - die sogenannte Nullhypothese (H0) und die Alternativhypo-these (H1). Die Nullhypothese besagt, dass kein Effekt besteht - also kein Unterschied oder Zusammenhang zwischen den Variablen vorhanden ist. Die Alternativhypothese besagt hingegen, dass ein Effekt besteht - also ein Unterschied oder Zusammenhang zwischen den Variablen besteht. Zur Prüfung der Arbeitshypothesen werden sogenannte Signifikanztests durchgeführt. Mit diesen Tests wird geprüft, ob die Nullhypothese angenommen oder abgelehnt werden kann. Wenn diese abgelehnt wird, dann gilt die Alternativhypothese (Schäfer & Schöttker-Königer, 2015, p. 14).

Durch Signifikanztests wird zudem berechnet, wie hoch die Fehlerwahrscheinlichkeit ist, mit der in der Stichprobe ein Effekt beschrieben wird, der in der Grundgesamtheit nicht zu finden ist - die Nullhypothese also fälschlicherweise verworfen wird (Typ-I- oder α-Fehler). Die Wahrscheinlichkeit, dass ein α-Fehler auftritt wird als Irrtumswahrscheinlichkeit oder Signifikanzniveau Alpha (α) bezeichnet. In der Regel wird diese Wahrscheinlichkeit auf 95% festgelegt. Dies entspricht einem Signifikanzniveau von 5% (α=0,05). Für die Überprüfung der Hypothesen im nachstehenden Kapitel wurde das standardmäßige Signifikanzniveau von 5% festgelegt. Im Gegensatz zum α-Fehler besteht darüber hinaus die Möglichkeit, dass die Nullhypothese fälschlicherweise abgelehnt wird (Typ-II- oder β-Fehler) (Schäfer & Schöttker-Königer, 2015, pp. 67-68). Dieser Fehler kann nicht direkt kontrolliert werden (Schäfer & Schöttker-Königer, 2015, p. 94).

Für die Prüfung der Hypothesen 1 und 2 wurde zunächst der Pearsons-Chi^2-Test angewendet. Dieser ist ein Zusammenhangsmaß, welches nominalskalierte Daten voraussetzt. Für diesen Test werden zunächst Kreuztabellen der zu untersuchenden Ergebnisse erstellt. Der Chi²-Test vergleicht hierbei die beobachteten Werte (B) mit den erwarteten Werten (E). Dafür müssen zunächst mithilfe der nachstehenden Formel die erwarteten Werte für jedes Feld der Kreuztabelle berechnet werden:

$$Erwarteter\ Wert\ E_{i,j} = Spaltensumme_i * \frac{Zeilensumme_i}{Gesamtsumme}$$

I = Zahl der Zeilen der Kreuztabelle

j = Zahl der Spalten der Kreuztabelle

Formel 1 Erwartete Werte zur Berechnung des Pearson Chi-Quadrat-Tests

Im Anschluss kann der Chi²-Test mithilfe der folgenden Formel berechnet werden:

$$\mathcal{X}^2 = \sum_{1}^{i,j} \frac{(B_{i,j} - E_{i,j})^2}{E_{i,j}}$$

Formel 2 Pearsons Chi-Quadrat-Test

Ist der empirische Chi²-Wert höher als der kritische Wert, so wird H_0 abgelehnt. Um den kritischen Wert aus der Tabelle ablesen zu können, wird der sogenannte Freiheitsgrad (df) benötigt, der wie folgt berechnet wird:

$$df = (i - 1) + (j - i)$$

Formel 3 Freiheitsgrade des Pearson Chi-Quadrat-Tests

Der Chi²-Test liefert eine Aussage über die Signifikanz eines Zusammenhangs. Die Berechnung für diese Arbeit erfolgte mithilfe von SPSS®. Mittels SPSS® wird automatisch eine asymptotische Signifikanz ermittelt, welche die genaue Signifikanz des Zusammenhangs angibt (Schäfer & Schöttker-Königer, 2015, pp. 138-141).

Im Anschluss wurde der Cramers V, ebenfalls mithilfe von SPSS®, berechnet. Dieser ist ein Zusammenhangsmaß zur Überprüfung von Hypothesen mit nominalskalierten Daten. Cramers V basiert auf der

Berechnung des Chi²s. Er kann, im Gegensatz zum Chi², Werte zwischen 0 und 1 annehmen und liefert damit Aussagen über die Stärke des Zusammenhangs. Je näher der Wert an 0 liegt, desto geringer ist der Zusammenhang (Schäfer & Schöttker-Königer, 2015, pp. 157-163). Er wird mit der folgenden Formel berechnet:

$$V = \sqrt{\frac{x^2}{n*(m-1)}}$$

n=Stichprobengröße

m=Minimum der Zeilen und Spaltensumme

Formel 4 Cramers V

Für die Prüfung der Hypothese 3 wurde die Rangkorrelation nach Spearman be-rechnet. Diese liefert Aussagen über lineare Zusammenhänge zweier Variablen, die mindestens ordinal skaliert sein müssen. Zur Berechnung des Korrelationskoeffizienten r_s werden Ränge an die einzelnen Antwortmöglichkeiten verteilt und wie folgt berechnet.

$$r_s = 1 - \frac{6 * \sum_{i=1}^{n}(r_i - s_i)^2}{n^3 - n}$$

r_i = Rangplätze innerhalb der Variable X des i-ten Probanden

s_i = Rangplatz der Variable Y des i-ten Probanden

n= Anzahl der Probanden

Formel 5 Rangkorrelationskoeffizient nach Spearman

Die Werte des Korrelationskoeffizienten können zwischen -1 und 1 liegen, wobei negative Werte einen negativen, linearen Zusammenhang und positive Werte einen positiven, linearen Zusammenhang aufzeigen. Je näher der Wert an 0 liegt, desto geringer ist der Zusammenhang (Schäfer & Schöttker-Königer, 2015, pp. 154-156).

Für die Überprüfung der Hypothese 4, wurde der Wilcoxon-Vorzeichen-Rang-Test angewendet. Dieser ist ein nicht-parametrischer Test zum Vergleich von Mittelwerten zweier zusammenhängender bzw. verbundener Stichproben. Klassischerweise liegt eine Messung der gleichen Variable zu zwei unterschiedlichen Messzeitpunkten vor. Der Test liefert Aussagen über den Unterschied der Antworttendenzen. Da die vorliegenden Daten nicht normalverteilt und lediglich ordinalskaliert sind, wurde der Wilcoxon-Vorzeichen-Rang-Test im vorliegenden Fall als Äquivalent zum t-Test durchgeführt. Er wurde ebenfalls in SPSS® automatisch berechnet. Zunächst wurde die Teststatistik W berechnet. Dafür werden für jedes Messwertpaar zunächst die Differenzen der beiden Messungen berechnet. Anschließend werden den absoluten Differenzen Ränge zu-geordnet. Die Paardifferenzen der einzelnen Teilnehmer werden nach ihren Vorzeichen unterschieden und anschließend jeweils aufaddiert (W- und W+).

Die Prüfgröße W ist die kleinere der beiden Summen.

$$W_{max} = W_+ + W_- = \frac{n * (n+1)}{2}$$

W_+= Summe der positiven Ränge

W_- =Summe der negativen Ränge

n= Anzahl der von Null verschiedenen Paardifferenzen

Formel 6 Berechnung der Prüfgröße W für den Wilcoxon-Vorzeichen-Rang-Tests

Ist die Stichprobe größer als 30 Teilnehmer, so wird angenommen, dass sich die W-Werte der Normalverteilung annähern. Daher können die W-Werte mithilfe der nachstehenden Formel z-standardisiert werden. Das bedeutet, dass die Werte in einen gleichen Maßstab gesetzt und somit vergleichbar gemacht werden. Die Normalverteilung wird somit zu einer Standardnormalverteilung.

$$z = \frac{W - \mu_w}{\sigma_w} = \frac{W - \frac{n * (n+1)}{4}}{\sqrt{\frac{n * (n+1) * (2 * n + 1)}{24}}}$$

μ_w= Werte für W unter der Annahme der H_0

σ_w= Streuung der Rangwerte

n = Anzahl der von Null verschiedenen Paardifferenzen

Formel 7 Z-standardisierung des Wilcoxon-Vorzeichen-Rang-Tests

Dieser z-Wert kann abschließend mit dem kritischen Wert der Standardnormalverteilung verglichen werden, wodurch die Signifikanz des Ergebnisses bestimmt werden kann. Dies geschieht durch die Statistik-Software SPSS® automatisch und es wird die asymptotische Signifikanz angegeben (Schäfer & Schöttker-Königer, 2015, pp. 116-121).

3.3.2.2. Es besteht ein Zusammenhang zwischen dem Ernährungsverhalten und der Bekanntheit von In-vitro-Fleisch (Hypothese 1)

Betrachtet man den Bekanntheitsgrad von IVF in Bezug auf das Ernährungsverhalten der Teilnehmer (siehe Abbildung 10), so ist zu erkennen, dass Personen, die sich fleischlos ernähren einen höheren Kenntnisstand von IVF besaßen als Omnivoren.
Insgesamt gaben ca. 88% der Vegetarier bzw. Pescetarier und Veganer an, den Begriff IVF zumindest schon einmal gehört zu haben. Davon gaben sogar 73,5% an, zu wissen was IVF ist. Nur 12,1% der Personen, die sich fleischlos ernähren, hatten noch nie von IVF gehört. Im Gegensatz dazu antwortete knapp die Hälfte der Omnivoren, dass sie wissen was IVF ist. Etwas mehr als ein Fünftel der Omnivoren kannte IVF zumindest vom Namen und fast 30% hatten noch nie von IVF gehört.

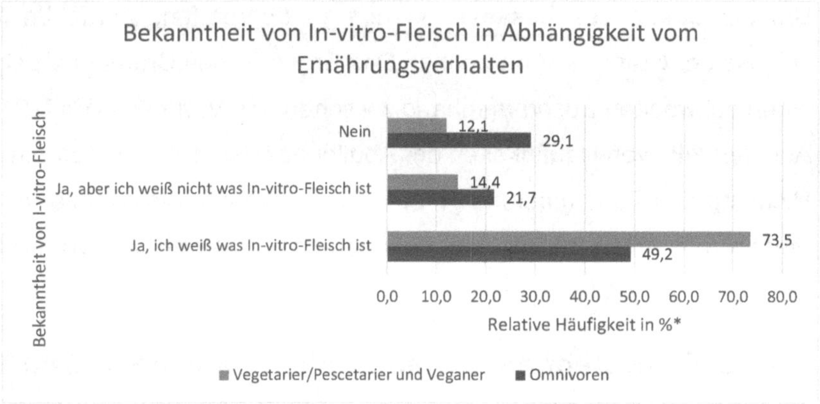

*Häufigkeit innerhalb des Ernährungsverhaltens angegeben

Abbildung 10 Bekanntheit von In-vitro-Fleisch in Abhängigkeit vom Ernährungsverhalten der Teilnehmer (n=323)

Für die Überprüfung der Hypothese wurden die zugehörigen statistischen Hypothesen (H_0 und H_1) aufgestellt:

H_0: Es besteht kein Zusammenhang zwischen dem Ernährungsverhalten und der Bekanntheit von IVF

H_1: Es besteht ein Zusammenhang zwischen dem Ernährungsverhalten und der Bekanntheit von IVF

Zunächst wurde der Chi²-Test durchgeführt. Dieser zeigt eine asymptotische Signifikanz von 0,000, womit die Nullhypothese abzulehnen ist (siehe Tabelle 3). Damit gilt die Alternativhypothese und es ist ein signifikanter Zusammenhang zwischen dem Ernährungsverhalten und dem Bekanntheitsgrad von IVF erkennbar. Die Hypothese 1 konnte somit verifiziert werden.

Statistische Tests	Chi2	Asymptotische Signifikanz	Cramers V (V)
Werte	15,500	0,000	0,219

Tabelle 3 Ergebnisse des Chi²-Tests und des Cramers V zur Überprüfung des Zusammenhangs des Ernährungsverhaltens und des Bekanntheitsgrades von In-vitro-Fleisch

Um die Stärke des Zusammenhangs zu überprüfen, wurde im Anschluss der Cramers V berechnet. Das Ergebnis des Cramers V zeigte einen schwachen Zusammenhang zwischen den Variablen (V= 0,219). Aus den relativen Häufigkeiten der Abbildung 9 lässt sich außerdem die Richtung des Zusammenhangs ablesen: Personen, die sich fleischlos ernähren, kannten IVF also eher als Personen, die sich omnivor ernähren.

3.3.2.3. Es besteht ein Zusammenhang zwischen dem Ernährungsverhalten und der Probier- und Kaufbereitschaft von In-vitro-Fleisch (Hypothese 2)

Betrachtet man die in Tabelle 4 dargestellte Probier- und Kaufbereitschaft in Kombination mit dem Ernährungsverhalten der Teilnehmer, so ist festzustellen, dass deutlich mehr Omnivoren dazu bereit wären, IVF zu probieren und auch zu kaufen.

Ernährungsverhalten / Ich würde IVF...		**Omnivoren** „5 x pro Woche oder mehr", „2-4 x pro Woche", „1 x pro Woche oder seltener"	**Fleischlose Ernährung** „Ich ernähre mich vegetarisch oder pescetarisch" und „Ich ernähre mich vegan"
Probieren	Trifft zu	90,9%*	43,4%
	Trifft nicht zu	9,2%	56,6%
Gesamt		100%	100,0%
Kaufen	Trifft zu	49,2%	16,9%
	Trifft nicht zu	50,8%	83,1%
Gesamt		100%	100,0%

*relative Häufigkeit innerhalb des Ernährungsverhaltens in % angegeben

Tabelle 4 Probier- und Kaufbereitschaft in Abhängigkeit vom Ernährungsverhalten (n=323)

Fast 91,0% der Omnivoren würden IVF probieren, jedoch würde nur ca. die Hälfte der Omnivoren IVF auch kaufen. Im Gegensatz dazu würden nur 43,4% der Personen, die sich fleischlos ernähren, IVF probieren und nur knapp 17% IVF auch kaufen.

Da diese Hypothese zwei Merkmale in Bezug auf das Ernährungsverhalten impliziert, wurden zum Zwecke der Prüfung jeweils eine Null- und eine Alternativhypothese aufgestellt:

1. *H_0: Es besteht kein Zusammenhang zwischen der Probierbereitschaft von IVF und dem Ernährungsverhalten*

   H_1: Es besteht ein Zusammenhang zwischen der Probierbereitschaft von IVF und dem Ernährungsverhalten
2. *H_0: Es besteht kein Zusammenhang zwischen der Kaufbereitschaft von IVF und dem Ernährungsverhalten*

   H_1: Es besteht ein Zusammenhang zwischen der Kaufbereitschaft von IVF und dem Ernährungsverhalten

Zunächst wurde der Zusammenhang zwischen der Probierbereitschaft und dem Ernährungsverhalten überprüft. Dafür wurde auch hier der Chi^2-Test angewendet (siehe Tabelle 5). Der Chi^2-Test zeigt auch hier eine asymptotische Signifikanz von 0,000, womit die Nullhypothese zu verwerfen ist. Die Alternativhypothese „es gibt einen Zusammenhang zwischen der Kaufbereitschaft von IVF und dem Ernährungsverhalten“ wird somit angenommen, wodurch der Zusammenhang dieser beiden Variablen als signifikant zu beschreiben ist. Zur weiteren Bestimmung der Stärke des Zusammenhangs wurde auch hier Cramers V berechnet. Auf Grundlage der Berechnung des Cramers V, kann der Zusammenhang als mittelstark eingestuft werden (V=0,506) (siehe Tabelle 5).

Statistische Tests/ Ich würde IVF...	Chi^2	Asymptotische Signifikanz	Cramers V (V)
probieren	82,692	0,000	0,506
kaufen	26,624	0,000	0,287

Tabelle 5 Ergebnisse des Chi^2-Tests und des Cramers V zur Überprüfung des Zusammenhangs des Ernährungsverhaltens und Probier- bzw. Kaufbereitschaft von In-vitro-Fleisch

Zur Berechnung des Zusammenhangs zwischen der Kaufbereitschaft von IVF und dem Ernährungsverhalten, zeigte sich, auf Grundlage des Chi^2-Tests eine asymptotische Signifikanz von 0,000. Die Nullhypothese ist also auch hier zu verwerfen. Es besteht somit ein signifikanter Zusammenhang zwischen der Kaufbereitschaft von IVF und dem Ernährungsverhalten. Zur Bestimmung der Stärke des Zusammenhangs wurde erneut der Cramers V herangezogen. Cramers V beträgt hier 0,287, wodurch lediglich ein schwacher Zusammenhang erkennbar ist (siehe Tabelle 5).

Die Hypothese 2 kann damit verifiziert werden, da jeweils ein signifikanter Zusammenhang erkennbar ist. Aus den in Tabelle 4 beschriebenen relativen Häufigkeiten lässt sich außerdem die Richtung dieses Zusammenhangs ablesen. Vergleichsweise sind deutlich mehr Omnivoren dazu bereit, IVF zu probieren und zu kaufen.

3.3.2.4. Es besteht ein Zusammenhang zwischen der Häufigkeit des Fleischverzehrs und der Zahlbereitschaft für In-vitro-Fleisch (Hypothese 3)

Die Tabelle 6 zeigt eine Gegenüberstellung des Ernährungsverhaltens und der Zahlbereitschaft. Es zeigen sich hier insbesondere Unterschiede innerhalb des Ernährungsverhaltens. Knapp 40% der Personen, die angaben häufig Fleisch zu verzehren (5x pro Woche oder mehr), wären dazu bereit, mehr für IVF ausgeben als für konventionelles Fleisch. Dem stehen 53% der Personen gegenüber, die angaben 2-4 x pro Woche Fleisch zu verzehren. Sogar knapp 60% der Personen, die angaben wenig Fleisch verzehren (1x pro Woche oder seltener), würden mehr für IVF bezahlen. Im Gegensatz dazu würden ca. 55% der vegetarisch bzw. pescetarisch und vegan lebenden Personen mehr für IVF bezahlen.

Ernährungs-verhalten* / Zahlbereit-schaft	Ich verzehre Fleisch ...			Fleischfreie Ernährung
	5 x pro Woche oder mehr	2-4 x pro Woche	1 x pro Woche oder seltener	„Ich ernähre mich vegetarisch oder pescetarisch" und „Ich ernähre mich vegan"
Ja, bis zu 50% mehr	1,4%	1,6%	6,5%	15,6%
Ja, bis zu 30% mehr	14,5%	18,4%	26,1%	25,3%
Ja, bis zu 10% mehr	24,6%	32,8%	28,3%	14,5%
Nein, ich würde nicht mehr bezahlen	59,4%	47,2%	39,1%	44,6%
Gesamt	100,0%	100,0%	100,0%	100,0%

*relative Häufigkeit innerhalb des Ernährungsverhaltens angegeben

Tabelle 6 Zahlbereitschaft für In-vitro-Fleisch und Ernährungsverhalten der Teilnehmer (n=323)

Die vorliegende Hypothese wurde mithilfe der Rangkorrelation nach Spearman geprüft. Die Ergebnisse zeigen einen Korrelationskoeffizienten von $r_s = -0.023$[1]. Da dieser Wert nahezu null entspricht, besteht hier kein Zusammenhang zwischen den Variablen. Dies zeigt auch der Signifikanzwert von 0,676, da dieser höher als das festgelegte Signifikanzniveau liegt.

Damit kann die Hypothese 3 falsifiziert werden, da nach Spearmans Rangkorrelation kein signifikanter linearer Zusammenhang zwischen den Variablen besteht. Auch wenn hierbei kein signifikantes Ergebnis vorliegt, zeigen die Ergebnisse in Tabelle 6 jedoch eine Tendenz. Stieg der Fleischkonsum bei den Personen, die sich omnivor ernähren, so sank die Bereitschaft mehr für IVF zu bezahlen.

3.3.2.5. Die Wahrnehmung von In-vitro-Fleisch wird positiver, wenn eine eher positive Informationsgabe über In-vitro-Fleisch erfolgt (Hypothese 4)

Werden die Ergebnisse der Frage 4 mit denen der Frage 5 verglichen, so ist zu beobachten, dass es nur sehr geringe Änderungen der Wahrnehmung nach der Informationsgabe gab (siehe Tabelle 7).
In der Kategorie „Klimafreundlichkeit“ war beispielsweise eine Veränderung des Mittelwertes von 1,85 auf 2,03 zu erkennen. In der Kategorie „Ressourcenschonung“ konnte ebenfalls eine leicht verschlechterte Tendenz festgestellt werden, da sich hier der Mittelwert von 1,82 auf 2,09 veränderte. Insgesamt wurden beide Kategorien im Durchschnitt jedoch noch als „etwas besser“ als konventionelles Fleisch beurteilt (siehe Tabelle 7).

Lagemaße / Kategorien	Mittelwerte ($\bar{x}$)*		Standardabweichung (SD)		Modalwert (MO)*	
	$\bar{x}_1$	$\bar{x}_2$	SD_1	SD_2	MO_1	MO_2
Klimafreundlichkeit	1,85	2,03	0,93	1,09	2	2
Ressourcenschonung	1,82	2,09	0,89	1,12	2	2
Natürlichkeit	4,12	3,82	0,99	0,98	5	4
Gesundheit	3,01	2,58	0,86	0,88	3	3
Risiko der Übertragung von Krankheitserreger	2,17	2,23	1,01	1,20	2	2
Geschmack	3,63	3,87	0,77	0,76	3	4

Antworten von 1=sehr viel besser bis 5= sehr viel schlechter

Tabelle 7 Mittelwerte der Wahrnehmung von In-vitro-Fleisch im Vergleich zu konventionellem Fleisch nach Kategorien (n=325)

Der Mittelwert der Kategorie „Natürlichkeit" verbesserte sich im Gegensatz dazu insgesamt etwas von 4,12 auf 3,82. Die Beurteilung blieb aber auch hier tendenziell bei beiden Messungen gleich („etwas schlechter"). Besonders auffällig war hier jedoch, dass viele Teilnehmer, die zuvor „viel schlechter" angaben, ihre Meinung änderten. Bei Frage 4 bewerteten 43,1% die Natürlichkeit von IVF als „viel schlechter", bei der Frage 5 waren es nur noch 25,2%. Die Antwortmöglichkeiten „etwas schlechter", „genauso" sowie „etwas besser" erhielten hingegen etwas mehr Zuspruch. Dies verdeutlicht auch der Modalwert - also das Merkmal, welches am häufigsten auftritt. Dieser lag bei der zweiten Messung nur noch bei 4 „etwas schlechter", statt wie zuvor bei 5 „sehr viel schlechter" (siehe Tabelle 7).

Eine solche Veränderung war auch bei der Antwortkategorie „Geschmack" erkennbar. Hier veränderte sich der Mittelwert zwar nur von 3,63 auf 3,87, jedoch verschlechterte sich der Modalwert von „etwas schlechter" (4) zu „viel schlechter" (5), was darauf hinweist, dass ein ähnliches Meinungsbild bei den einzelnen Befragten zu bestehen scheint. Die Standardabweichungen (SD) waren nahezu gleichbleibend. Lediglich bei den Kategorien „Klimafreundlichkeit“, „Ressourcenschonung“ und „Risiko der Übertragung von Krankheitserregern“ waren leicht erhöhte Standardabweichungen erkennbar. Hier scheint eine etwas größere Streuung der Werte vorzuliegen. Da die Modalwerte hier allerdings zumeist gleichbleibend waren, deutet dies darauf hin, dass die Mehrheit der Teilnehmer ein ähnliches Meinungsbild vertrat.

Um die Hypothese 4 auf ihre statistische Signifikanz zu prüfen, wurde der Wilcoxon-Vorzeichen-Rang-Test angewendet (siehe Tabelle 8).

	Z-Wert	Asymptotische Signifikanz (1-seitig)
Klimafreundlichkeit	-3,252a	0,0005
Ressourcenschonung	-4,284a	0,000
Natürlichkeit	-5,559b	0,000
Gesundheit	-8,146b	0,000
Risiko der Übertragung von Krankheitserreger	-0,685a	0,247
Geschmack	-5,532a	0,000

**a basiert auf negativen Rängen, b basiert auf positiven Rängen*

Tabelle 8 Wahrnehmung der Verbraucher in verschiedenen Kategorien, Vergleich mittels Wilcoxon-Vorzeichen-Rang-Test (n=325)

Die Teststatistik zeigt in den Kategorien „Klimafreundlichkeit“, „Ressourcenschonung“, „Natürlichkeit“, „Gesundheit“ und „Geschmack“ Z-Werte, die über 1,645 liegen und somit Signifikanzwerte unter 0,05 aufzeigen (siehe Tabelle 8). Damit kann die Nullhypothese in diesen Kategorien abgelehnt werden. Die Alternativhypothese „es besteht ein Unterschied

zwischen den Variablen“ wird somit angenommen. Die Ergebnisse sind demnach signifikant unterschiedlich.
Die Kategorie „Risiko für die Übertragung von Krankheitserregern“ konnte kein signifikanter z-Wert berechnet werden (asymptotische Signifikanz 0,247). Die Nullhypothese „es besteht kein Unterschied“ kann somit angenommen werden. Der Unterschied ist demnach nicht signifikant.
Betrachtet man hier ebenfalls die Mittelwerte der einzelnen Kategorien aus der Tabelle 8, so lässt sich weiter feststellen, dass die zweite Messung in den Kategorien „Klimafreundlichkeit“, „Ressourcenschonung“ und „Geschmack“ bei der Frage 5 höhere Mittelwerte aufzeigt und somit signifikant schlechter bewertet wurden. Die Kategorien „Natürlichkeit“ und „Gesundheit“ wurden hingegen mit niedriger und damit signifikant positiver bewertet.

Die Hypothese 4 „die Wahrnehmung von IVF wird positiver, wenn eine eher positive Informationsgabe über IVF erfolgt“ falsifiziert werden, da lediglich in zwei von fünf Kategorien eine signifikant positivere Bewertung erfolgte.

4. Diskussion

Im Folgenden wird die vorliegende Arbeit im Kontext bisheriger Erhebungen diskutiert. Dafür werden die Ergebnisse dieser Arbeit zunächst zusammengefasst und interpretiert. Anschließend erfolgt eine Reflexion der, in der Umfrage gewählten, Methodik. Da sich über die vorliegende Erhebung hinaus weiterführende Fragestellungen ergeben haben, werden diese abschließend in einem Ausblick dargestellt.

4.1. Zusammenfassung und Interpretation der Ergebnisse

Die vorliegende Umfrage zeigt, dass IVF bereits ein merklich präsentes Thema darstellt. Dies geht besonders aus den Antworten zur Frage 1 hervor, da bereits mehr als 75% der Teilnehmer mindestens schon einmal von IVF gehört haben (siehe Kapitel und 3.3.1.). Wird die Frage 1 im Vergleich zu anderen Erhebungen dieser Art betrachtet, ist der Bekanntheitsgrad in der vorliegenden Arbeit deutlich höher (siehe Kapitel 2.4.). Weiterführend ließ sich zudem ein signifikanter Zusammenhang zwischen dem Bekanntheitsgrad von IVF und dem Ernährungsverhalten der Teilnehmer aufzeigen. Dabei kannten Personen, die sich fleischlos ernähren, IVF eher als Personen, die sich omnivor ernähren (siehe Kapitel 3.3.2.2.). Dies ist möglicherweise darauf zurück zu führen, dass Personen, die auf Fleisch verzichten, sich generell auch eher mit Fleischersatzprodukten auseinandersetzen. Hinzu kommt, dass Personen, die beispielsweise aus tierethischen Gründen kein Fleisch verzehren, aber trotzdem den Geschmack von Fleisch mögen, sich möglicherweise eher mit fleischähnlichen Ersatzprodukten auseinandersetzen. Besonders für diese Personengruppe könnte IVF eine vielversprechende Alternative darstellen.

Dem entgegen steht jedoch die Auswertung der Hypothese 2. Diese zeigt, dass bei Personen, die sich fleischlos ernähren, eine geringe Probier- und Kaufbereitschaft vorlag. Nur knapp 43% der Personen, die sich fleischlos ernähren, würden IVF auch probieren. Nur 17% würden IVF kaufen. Im Vergleich dazu stehen ca. 91% der Omnivoren, die IVF probieren würden und knapp 50%, die IVF kaufen würden (siehe Kapitel 3.3.2.3.). Ein Grund hierfür könnte sein, dass einige vegetarisch/pescetarisch bzw. vegan lebende Personen kein Bedürfnis nach Fleisch und insbesondere nach dem Geschmack von Fleisch empfinden, wie zum Beispiel die Auswertung der Frage 6b zeigt (siehe Kapitel 3.3.1.).
Insgesamt war die Probierbereitschaft bei den Teilnehmern mit knapp 78% jedoch sehr hoch (siehe Kapitel 3.3.1.). Obwohl somit eine große Neugierde bei den Teilnehmern zu bestehen scheint, waren vergleichsweise nur wenige Personen auch dazu bereit, IVF zu kaufen (41%) (siehe Kapitel 3.3.1.). Folglich scheinen einige Vorbehalte seitens der Verbraucher zu bestehen. Ein Aspekt könnte dabei sein, dass die Verbraucher IVF als künstlich bzw. unnatürlich wahrnehmen. Dies zeigen auch fast alle hier vorgestellten Studien und so auch die Auswertung der Frage 6b (siehe Kapitel 2.4. und 3.3.1.). Es ist zu vermuten, dass dies darauf zurück zu führen ist, dass viele Verbraucher IVF lediglich als ein im Labor gezüchtetes Lebensmittel sehen. Sie assoziieren IVF folglich nicht mit dem traditionellen Bild von Fleisch und empfinden dies in Folge dessen als unnatürlich bzw. künstlich. Diese Wahrnehmung könnte für Unternehmen, die sich auf die Produktion von IVF spezialisiert haben, eine große Herausforderung darstellen. Es müssen somit gezielte Marketingmaßnahmen ergriffen werden, die ein fleischähnliches Bild von IVF vermitteln und diesen Meinungsbildern entgegenwirken.

Diese Bedenken wurden auch durch die Auswertungen der Fragen 4 und 5 verdeutlicht, da die Kategorien „Natürlichkeit“ und „Geschmack“ hier durchschnittlich als „etwas schlechter“ im Vergleich zu konventionell produziertem Fleisch bewertet wurden.
Eine eher positive Wahrnehmung von IVF wurde hingegen durch die Kategorien „Klimafreundlichkeit“, „Ressourcenschonung“ und „Risiko für die Übertragung von Krankheitserregern“ deutlich. Durchschnittlich bewerteten die Verbraucher diese Kategorien mit „etwas besser“ als bei konventionell produziertem Fleisch (siehe Kapitel 3.3.1.). Die Ergebnisse der in Kapitel 4.2. vorgestellten Studien zeigen nahezu alle ein ähnliches Bild der Verbraucher. IVF wurde hierbei ebenfalls zumeist als nachhaltig(er) und umweltfreundlich(er) betrachtet.
Die Studie aus des belgische Wissenschaftler Prof. Dr. Wim Verbeke aus 2013 zeigt zudem, dass positive Informationen über die Eigenschaften von IVF dazu führen, dass die Befragten eher dazu bereit sind, IVF zu probieren (siehe Kapitel 2.4.4.). Ein solcher, positiver Einfluss auf die Teilnehmer konnte in der vorliegenden Erhebung jedoch nicht festgestellt werden. Es konnte sogar ein eher gegenteiliger Effekt beobachtet werden. Die Antwortkategorien „Klimafreundlichkeit“, „Ressourcenschonung“, „Risiko für die Übertragung von Krankheitserregern“ sowie „Geschmack“ lagen nach der eher positiv formulierten Informationsgabe etwas höher - wurden also etwas schlechter bewertet. Die Kategorien wurden hierbei jedoch noch immer durchschnittlich als „etwas besser“ bzw. „etwas schlechter“ bewertet, sodass lediglich kleine Tendenzverschiebungen erkennbar waren (siehe Kapitel 3.3.2.5.). Diese Tendenzverschiebungen deuteten allerdings - trotz positiver Informationsgabe - eher auf ein etwas schlechteres Bild von IVF hin. Ein Grund dafür könnten *seriale Positionseffekte* sein. Insbesondere ist hier der *recency Effekt* von Bedeutung. Dieser besagt, dass zuletzt verarbeitete

Informationen besser gespeichert werden und damit besser erinnert werden können, als zuvor verarbeitete Informationen (Hoffmann & Engelkamp, 2013, p. 148). Der letzte Punkt der Informationsgabe besagte, dass die Herstellung von IVF einen hohen Energieaufwand benötigen würde. Es ist also zu vermuten, dass diese negative Informationen auf die Kategorien „Klimafreundlichkeit" und „Ressourcenschonung" übertragen wurden.

Bei der Prüfung der Hypothese 3 war kein signifikanter Zusammenhang zwischen der Häufigkeit des Felsichverzehrs und Zahlbereitschaft der Teilnehmer zu beobachten. Aus den absoluten Häufigkeiten ließ sich jedoch die Tendenz erkennen, dass mit absteigendem Fleischkonsum auch die Bereitschaft steigt, mehr für IVF zu bezahlen (siehe Kapitel 3.3.2.4.). Dies ist vermutlich darauf zurückzuführen, dass Personen, die auf ihren Fleischkonsum achten bzw. wenige Fleischprodukte verzehren, auch eher auf die Qualität des Fleisches Acht geben. Diese Personen kaufen möglicherweise auch öfter Bio-Fleisch, welches oftmals etwas teurer ist. Sie geben daher bewusst mehr Geld für ihre Fleischprodukte aus und würden daher vermutlich auch mehr für IVF bezahlen.

4.2. Methodenkritische Betrachtung

Die Vorteile eines standardisierten Fragebogens wurden bereits in Kapitel 3.2.1. erläutert. Jedoch bietet dieses Untersuchungsinstrument auch einige Schwächen. Einer dieser war in der vorliegenden Arbeit die Abwesenheit eines Interviewers während der Beantwortung des Fragebogens. Dies führte dazu, dass die Beantwortung der Fragen zum einen nicht kontrollierbar war und zum anderen die Teilnehmer keine Rückfragen hätten stellen können. Dies könnte gegebenenfalls zu falschen Antworten oder zum Abbruch der Umfrage geführt haben (Drop-out-Rate hier 18,5%). Ein weiterer Grund für den Abbruch des Fragebogens könnte ebenfalls gewesen sein, dass Personen den Link des Onlinefragebogens anklickten - beispielsweise aus Neugierde -, die Umfrage selbst allerdings erst zu einem späteren Zeitpunkt ausfüllten. Hinzu kommt, dass bei der Befragung eine willkürliche Stichprobenauswahl vorlag, was möglicherweise dazu führte, dass Personen befragt wurden, die nicht befragt werden sollten (Overcoverage). Hier z.B. eine Überrepräsentativität der Personen zwischen 18-30 Jahren. Jedoch wurden in diesem Beispiel auch Personen nicht befragt, die aber hätten befragt werden sollen (Undercoverage). In diesem Beispiel sind dies Personen über 60 Jahre. Darüber hinaus wurden möglicherweise Bevölkerungsgruppen von der Umfrage ausgeschlossen, welche keinen Zugang zum Internet hatten bzw. keinen Zugang zu den gewählten Rekrutierungsplattformen hatten (Jacob, et al., 2011, pp. 118-121). Die Stichprobe ist auf Grund der ungleichen Alters- und Bildungsverteilung folglich nicht repräsentativ für die Grundgesamtheit (siehe Kapitel 3.2.2). Die gewonnen Ergebnisse können daher nur eingeschränkt auf die Gesamtpopulation übertragen werden, weshalb die gewonnen Ergebnisse durch weitere Erhebungen ergänzt werden müssen.

Ein weiterer Aspekt, der hier genannt werden muss, ist der Aufbau des Fragebogens. Die Meisten Fragen wurden so gestellt, dass keine neutrale Antwort möglich war, wie zum Beispiel „kann ich nicht beurteilen", „weder noch" oder „keine Angabe". Dies hatte zur Folge, dass die Teilnehmer dazu gezwungen waren eine Entscheidung zu treffen bzw. eine Position einzunehmen. Dieses Fragebogendesign kann den Vorteil haben, dass sich alle Befragten mit den jeweiligen Fragestellungen auseinandersetzten müssen. Jedoch gab es unter den Teilnehmern höchstwahrscheinlich auch Personen, die tatsächlich eine neutrale Einstellung

zu einzelnen Frage besaßen. Diese Personen wurden durch das Fragendesgin jedoch zu einer falschen Antwort gezwungen (Menold & Bogner, 2015, p. 6).
Des Weiteren wäre es womöglich besser gewesen die sozioökonomischen und demographischen Daten zum Anfang des Fragebogens abzufragen, da auf Grundlage dessen eventuell Aussagen über die Gründe des Abbrechens der Umfrage hätten getroffen werden können. Bei der Auswertung der Umfrage sind zudem formale Fehlerquellen des Fragebogens aufgefallen. Eine dieser war bei den Fragen 4 und 5 zu beobachten. Die zu bewertende Kategorie „Risikos für der Übertragung von Krankheitserregern“ bot hier die Antwortmöglichkeiten „viel besser“ bis „viel schlechter“. Ein Risiko kann jedoch nicht als „viel besser“ bzw. „viel schlechter“ betrachtet werden. Dies führte möglicherweise zu Verwirrung bei den Teilnehmern. Eine Skalierung von „viel höher“ bis „viel niedriger“ wäre hier allerdings sinnvoller und präziser auf die Auswahlmöglichkeit zugeschnitten gewesen. Auch war zu beobachten, dass im Zuge dieser Fragestellung auch die Kategorie „Natürlichkeit“ besser als einzelne Frage hätte gestellt werden sollen. Eine Beurteilung im Vergleich zu konventionell produziertem Fleisch war an dieser Stelle sinnwidrig, da IVF im Labor gezüchtet wird. Somit wird es in einem Vergleich zu „natürlich“ produziertem Fleisch logischerweise als unnatürlicher eingestuft. Eine weitere potentielle Fehlerquelle bei dem gewählten Fragebogendesign könnten Antworttendenzen gewesen sein. So beschreibt die *Tendenz zur Mitte*, dass Personen dazu neigen keine Extremen anzukreuzen, sondern die Mitte einer Antwortskala. Dieses Phänomen war besonders bei der Fragen 9 (Zukunftsaussicht von IVF) zu beobachten. Hier erlangten extreme Aussagen, wie „ja, davon bin ich fest überzeugt“ oder „nein, auf keinen Fall“ auffällig wenig Zuspruch (Menold & Bogner, 2015, p. 5).

5. Fazit und Ausblick

Mit der vorliegenden Arbeit konnte aufgezeigt werden, dass es in Zukunft eine große Herausforderung sein wird, der global ansteigenden Nachfrage von Fleisch bzw. Fleischerzeugnissen nachzukommen. Aufgrund der umwelt- und gesundheitsschädlichen Einflüsse der Viehzucht sowie aus tierethischen Gründen sollten dringend Alternativen gefunden werden. IVF könnte eine zukünftige Möglichkeit sein, diesen Problemen entgegen zu wirken und bietet dabei viele - teilweise bisher jedoch nur visionäre - Vorteile. Bis es allerdings zu einer erfolgreichen Implementierung von IVF kommen kann, sind noch einige Hürden zu überwinden und Lücken in der Forschung zu schließen.

Das wichtigste Ziel und somit auch der Grundgedanke der IVF-Forschung ist die Reduktion des Tierleids und -sterbens und in Folge dessen die Reduzierung der Viehbestände. Für die Herstellung von IVF würde nur ein sehr geringer Viehbestand ausreichen, da nur wenige Stammzellen benötigt werden, um eine sehr große Menge IVF herzustellen. Jedoch müsste hierfür ein geeignetes Wachstumsserum, beispielsweise auf Pflanzenbasis, gefunden werden. Das zurzeit häufig verwendete fötale Kälberserum ist aus tierethischer Sicht als sehr bedenklich zu betrachten, da Rinder-Föten zur Gewinnung dieses Serums qualvoll sterben müssen.
Eine weitere Folge der sehr viel kleineren Viehbestände ist der wesentlich geringere ökologische Fußabdruck. Insbesondere sind hierbei der geringere Ausstoß von Treibhausgasen sowie der weitaus geringere Bedarf von Agrarlandflächen zu nennen. Um eine realistische Folgeabschätzung der ökologischen Einflüsse zu geben, ist allerdings zunächst einmal die Planung eines geeigneten industriellen Produktionssystems

notwendig. Bei der Planung sollte jedoch beachtet werden, dass diese Produktionssysteme möglichst energieeffizient und kostengünstig betrieben werden. Nur so kann dem hohen Preis von IVF und dem benötigten Energieaufwand entgegengewirkt werden. Sind industrielle Systeme zur Produktion gefunden, so müssten gültige Regelungen für die Zulassung von IVF erlassen werden. Diese würden Startups bei der Kommerzialisierung von IVF bestärken.

Weitere Vorteile von IVF sind die möglichen positiven Auswirkungen auf die menschliche Gesundheit. Zum einen könnte es zu einer deutlichen Reduzierung in der Bildung und somit Übertragung von Antibiotikaresistenzen beitragen. Zum anderen hätte die weitere Entwicklung von Technologien zur Optimierung der Nährstoffzusammensetzung von IVF aus ernährungsphysiologischer Sicht einen potentiell positiven Einfluss auf die menschliche Gesundheit. Ein Anliegen der Forschung ist es deshalb diese - bisher jedoch nur visionären - Technologien weiterzuentwickeln. Weiterer Forschungsbedarf besteht zudem in Bezug auf die sensorischen Eigenschaften von IVF. Im Fokus liegen hierbei insbesondere die Problematiken des Geschmacks und des visuellen Erscheinungsbildes. Auch sollten hierbei Problemlösungen für die Textur gefunden werden, welche von jener von herkömmlichem Fleisch abweicht. Dieses Forschungsvorhaben wird durch die Ergebnisse der vorliegenden und der bereits durchgeführten Erhebungen unterstützt. Sie zeigen insbesondere im Bereich der Sensorik noch große Bedenken seitens der Verbraucher. Um eine möglichst hohe Verbraucherakzeptanz zu erreichen ist somit ein langfristiges Ziel der IVF-Forschung, ein möglichst vergleichbares sensorisches Profil zu konventionellem Fleisch zu entwickeln und auch gering verarbeitete und unverarbeitete Fleischprodukte nachzustellen.

In Bezug auf die durchgeführte Erhebung lässt sich zusammenfassend betrachtet vermuten, dass viele Verbraucher IVF offen gegenüberstehen. Diese Vermutung ist vor allem durch den hohen Bekanntheitsgrad und die hohe Probierbereitschaft der Teilnehmer dieser Umfrage begründet. Auch sahen viele Teilnehmer Vorteile von IVF in Bezug auf die Klimafreundlichkeit, die Ressourcenschonung und das geringere Risiko für die Übertragung von Krankheitserregern im Vergleich zur konventionellen Fleischherstellung.

Es ließ sich jedoch auch erkennen, dass noch einige Bedenken seitens der Verbraucher zu bestehen zu scheinen. Dies wird zum einen dadurch deutlich, dass die eine Hälfte der Befragten keine zukünftige Etablierung von IVF sah und somit bisher nicht an den Erfolg von IVF glaubte. Zum anderen deutet auch die geringe Kaufbereitschaft in der Erhebung auf Zweifel der Verbraucher hin. Ein Aspekt scheint hierbei die unnatürliche bzw. künstliche Wirkung von IVF auf die Verbraucher zu sein. Dies konnte sowohl in der vorliegenden Erhebung als auch bei früheren Studien festgestellt werden. Bezüglich der oben erwähnten Bedenken der Verbraucher bezüglich des sensorischen Profils von IVF müssen somit gezielte Marketingmaßnahmen entwickelt werden. Diese sollen den Verbrauchern ein positiveres Bild von IVF vermitteln und entgegen der Bedenken in Bezug auf die sensorischen Eigenschaften wirken. Außerdem sollten die Vorteile von IVF deutlich hervorgehoben werden. Hier sollten vor allem die gesundheitsfördernden sowie umwelt- und Tierwohl betreffenden Aspekte hervorgehoben werden.

Die vorliegende Studie lieferte damit einige, aufschlussreiche Ergebnisse im Zuge der Forschung bezüglich der Akzeptanz von IVF. Hiermit wurde jedoch lediglich Grundlagenforschung betrieben und somit ein erster Überblick über die Akzeptanz der deutschen Verbraucher gegeben. Es erschließen sich dadurch einige weiterführende

Fragestellungen, die im Verlauf der Forschung durch weitere Erhebungen beantwortet und ergänzt werden sollten. Einer dieser Aspekt ist die Frage nach der Informationsherkunft. Es sollte eruiert werden, woher die Verbraucher ihre Informationen bezüglich IVF beziehen. Im Zuge dessen wäre es zudem hilfreich zu erfahren, was diese Informationen beinhalten.
Hinzu kommt, dass die bisherigen Forschungsergebnisse lediglich oberflächliche Barrieren und Bedenken der Verbraucher aufzeigen. In weiteren quantitativen und qualitativen Studien sollten diese tiefgründiger betrachtet werden, um somit weitere Erkenntnisse für Wissenschaft und Wirtschaft zu erlagen und insbesondere Schwerpunkte für Marketingmaßnahmen zu ermitteln. Im weiteren Verlauf der Forschung sollten somit repräsentative Umfragen zu der Akzeptanz von IVF durchgeführt werden, die eine hohe Validität und Reliabilität der Daten aufweisen. Es würden sich sodann ebenfalls Fragestellungen in Bezug auf die Akzeptanz unterschiedlicher sozialer Schichten, Altersgruppen oder Geschlechter stellen, die im Rahmen dieser Arbeit - auf Grund der geringen Repräsentativität - nicht weiter behandelt werden konnten.

Abschließend betrachtet lässt sich aus der vorliegenden Arbeit schlussfolgern, dass IVF aufgrund der bisher sehr hohen Kosten zunächst ein hochpreisiges Produkt darstellen wird. Darüber hinaus wird IVF vermutlich nur langsam weiträumige Akzeptanz bei den Verbrauchern erlangon, wodurch eine Umstellung der Fleischerzeugung in naher Zukunft unrealistisch erscheint. Es sollten daher zunächst zusätzlich Maßnahmen zur nachhaltigen Umgestaltung der Landwirtschaft, zur Reduktion des Fleischkonsums sowie zur Förderung von anderen Proteinquellen (zum Beispiel Insekten) ergriffen werden.

Würden jedoch die Herausforderungen der IVF-Entwicklung zukünftig überwunden, Kosten gesenkt und die Akzeptanz der Verbraucher maßgeblich gesteigert werden, könnte IVF langfristig eine realistische Alternative zu herkömmlich produziertem Fleisch darstellen. Somit könnten viele Probleme der Viehzucht gelöst werden und Fleischkonsum zukünftig weniger gesundheitsschädlich sowie umwelt- und tierfreundlicher werden.

6. Literaturverzeichnis

Alexandratos, N. & Bruinsma, J., 2012. World Agriculture Towards 2030/2050: the 2012 revision; ESA Working paper No. 12-03., Rom: Food and Agriculture Organization of the United Nations.

Altobelli, C. F., 2017. Marktforschung: Methoden, Anwendungen, Praxisbeispiele. 3. Auflage Hrsg. Konstanz und München: UVK Verlagsgesellschaft.

Anhäuser, M., Arnheim, K., Becker-Follmann, J. & Bensel, J., 2002. Lexikon der Biologie. Heidelberg: Spektrum Akademischer Verlag.

Arnheim, K., Becker-Follmann, J., Bensel, J. & Bergfeld, R., 1994. Herder - Lexikon der Biologie. Heidelberg; Berlin: Spektrum Akademischer Verlag.

Böhm, I., Ferrari, A. & Woll, S., 2017. In-vitro-Fleisch - Eine technische Vision zur Lösung der Probleme der heutigen Fleischproduktion und des Fleischkonsums?, Karlsruhe: s.n.

Barth, S., 1998. Die schrifliche Befragung. [Online] Available at: https://www.hb.fh-muenster.de/opus4/frontdoor/deliver/index/docId/489/file/SchriftlicheBefragung.pdf [Zugriff am 23 Januar 2019].

BLE, 2018. Bericht zur Markt- und Versorgungslage Fleisch 2018, Bonn: s.n.

Churchill, W., 1931. Fifty Years Hence. Strand Magazine.

de Leeuw, E. . D., Hox, J. & Huisman, M., 2003. Prevention and Treatment of Item Nonresponse. Journal of Official Statistics, 19(2), pp. 153-176.

Duden online, o.J.. [Online]
Available at:
https://www.duden.de/node/799160/revisions/1770345/view [Zugriff am 19. Januar 2018].

Fayaz Bhat, Z. & Fayaz, H., 2011. Prospectus of cultured meat—advancing meat alternatives. J Food Sci Technol, 48(2), pp. 125-140.

Ferrari, A., 2018. Schlussbericht des Projektes: Visionen von In-vitro-Fleisch - Analysen der technischen und gesamtgesellschaftlichen Aspkte und Visionen von In-vitro-Fleisch (VIF) (2015-2017), s.l.: s.n.

Flycatcher Internet Research, 2013. Kweekvlees [Kultiviertes Fleisch], s.l.: s.n.

Fountain, H., 2013. The New York Times. [Online]
Available at: https://www.nytimes.com/2013/08/06/science/a-lab-grown-burger-gets-a-taste-test.html [Zugriff am 21 September 2018].

Gaydhane, M. et al., 2018. Cultured meat: state of the art and the future. Biomanufacturing Reviews, 19 März.

Godfray, C. J. et al., 2018. Meat consumption, health, and the environment. Science, 361(6399).

Hinzmann, M., 2018. Die Wahrnehmung von In-vitro-Fleisch in Deutschland: Analyse der gesellschaftlichen Diskurse Kurzanalyse im Projekt Ressourcenpolitik 2 (PolRess 2)., s.l.: s.n.

Hocquette, A. et al., 2015. Educated consumers don't believe artificial meat is the solution to the problems with the meat industry. Journal of Integrative Agriculture, 14(2), pp. 273-284.

Hocquette, J.-F., 2016. Is in vitro meat the solution for the future?. Meat Science, Band 120, pp. 167-176.

Hoffmann, J. & Engelkamp, J., 2013. Lern- und Gedächtnispsychologie. 2. Auflage Hrsg. Berlin und Heidelberg: Springer-Verlag.

Holmes, A., 2017. Dalia Research. [Online]
Available at: https://daliaresearch.com/blog-vegan-vegetarian-halal/?utm_source=Dalia+Newsletter&utm_campaign=e435f9fff8-
[Zugriff am 09 01 2019].

Huber, J. & Keller, M., 2017. Fleischalternativen-Ernährungsphysiologische Bewertung von konventionell und ökologisch erzeugten vegetarischen und veganen Fleisch- und Wurstalternativen. Studie im Auftrag der Albert Schweitzer Stiftung für unsere Mitwelt. Berlin

Jacob, R., Heinz, A., Decieux, J. P. & Firmbter, W. H., 2011. Umfrage: Einführung in die Methoden der Umfragenforschung. 2. Auflage Hrsg. München: Oldenbourg Verlag.

Jha, A., 2013. The Guardian. [Online]
Available at: https://www.theguardian.com/science/2013/aug/05/world-first-synthetic-hamburger-mouth-feel [Zugriff am 21 September 2018].

Kabisch, J., 2018(a). Kunstfleisch für alle: 2021 soll das Schnitzel aus der Petrischale auf unseren Tellern liegen. Le Monde diplomatique, 9 Oktober, pp. 64-65.

Kabisch, J., 2018(b). Laborfleisch: Biologen zeigen ihre Muskeln. In: Heinrich-Böll-Stiftung, BUND & L. M. Diplomatique, Hrsg. Fleischatlas. 3. Auflage Hrsg. Paderborn: Bonifatius GmbH Druck – Buch – Verlag, pp. 46-47.

Kadim, I. T. et al., 2015. Cultured meat from muscle stem cells: A review of challenges and prospects. Journal of Integrative Agriculture, 14(2), pp. 222-333.

Kremer, P., 2018. Tierwohl: Schmerz und Leid im Stall. In: Heinrich-Böll-Stiftung, BUND & L. M. Diplomatique, Hrsg. Fleischatlas. Paderborn: Bonifatius GmbH Druck – Buch – Verlag,, pp. 24-25.

Menold, N. & Bogner, K., 2015. Gestaltung von Ratingskalen in Fragebögen. Mannheim, Mannheim: GESIS – Leibniz-Institut für Sozialwissenschaften (SDM Survey Guidelines).

Moritz, M. S., Verbruggen, S. E. L. & Post, M. J., 2015. Alternatives for large-scale production of cultured beef: A review. Journal of Integrative Agriculture, 14(2), p. 208–216.

Mosa Meat, o.J.. Mosa Meat. [Online]
Available at: https://www.mosameat.com/technology/ [Zugriff am 22 November 2018].

Post, M. J., 2012. Cultured meat from stem cells: Challenges and prospects. Meat Science, November, 92(3), pp. 297-301.

Rorheim, A., Mannion, A., Baumann, T. & Caviola, L., 2016. Kultiviertes Fleisch: Eine Ethische Alternative zu Industrieller Tierhaltung. Positionspapier von Science Politics, s.l.: s.n.

Schäfer , A. & Schöttker-Königer, T., 2015. Statistik und quantitative Methoden für Gesundheitsfachberufe. Heidelberg: Springer-Verlag.

Schadwinkel, A., 2013. Zeit Online. [Online]
Available at: https://www.zeit.de/wissen/2013-08/kuenstliches-rindfleisch-in-vitro-burger [Zugriff am 08 Januar 2019].

Sonnenberg, A., Chapagain, A., Geiger, M. & August , D., 2009. Der Wasser-Fußabdruck Deutschlands, Frankfurt am Main: World Wide Fund For Nature Deutschland.

Statistisches Bundesamt (Destatis), 2017. Beschäftigte und Umsatz der Betriebe im Verarbeitenden Gewerbe: Deutschland, Jahre, Wirtschaftszweige, Deutschland: s.n.

Steinfeld, H. et al., 2006. Livestock's long shadow - enviromental issues and options, s.l.: Food and Agriculture Organization of the United Nations.

Stephens, N. et al., 2018. Bringing cultured meat to market: Technical, socio-political, and regulatory challenges in cellular agriculture. Trends in Food Science & Technology, Band 78, pp. 155-166.

Tuomisto, H. L. & Teixeira de Mattos, M. J., 2011. Environmental impacts of cultured meat production. Environmental Science & Technology , 17 Juni, 45(14), pp. 6117-6123.

Tuomisto, H. L., Ellis, M. J. & Haastrup, P., 2014. Environmental impacts of cultured meat: Alternative production scenarios. Proceedings of the 9th International Conference on Life Cycle Assessment in the Agri-Food Sector, pp. 1360-1366.

Verbeke, W. et al., 2015b. "Would you eat cultured meat?": Consumers' reactions and attitude formation in Belgium, Portugal and the United Kingdom. Meat Science, Band 102, p. 49–58.

Verbeke, W., Sans, P. & Van Loo, E. J., 2015a. Challenges and prospects for consumer acceptance of cultured meat. Journal of Integrative Agriculture, 14(2), pp. 285-294.

WHO, o.J.(a). World Health Organization. [Online]
Available at:
http://www.who.int/nutrition/topics/3_foodconsumption/en/index4.html
[Zugriff am 16 November 2018].

WHO, o.J.(b). World Health Organization. [Online]
Available at: http://www.euro.who.int/de/health-topics/disease-prevention/antimicrobial-resistance/antibiotic-resistance [Zugriff am 14 01 2019].

Wilks, M. & Phillips, C. J., 2017. Attitudes to in vitro meat: A survey of potential consumers in the United States. PLoS ONE, 12(2).

Woll, S. & Böhm, I., 2018. In-vitro meat: A solution for problems of meat production and meat consumption. Ernährungs Umschau, 65(1), pp. 12-21.

7. Rechtsquellenverzeichnis

Richtlinie (EG) 2003/99 des Rates vom 17. Dezember 1992 über Maßnahmen zum Schutz gegen bestimmte Zoonosen bzw. ihre Erreger bei Tieren und Erzeugnissen tierischen Ursprungs zur Verhütung lebensmittelbedingter Infektionen und Vergiftungen

Verordnung (EU) 2015/2283 des Europäischen Parlaments und des Rates vom 25. November 2015 über neuartige Lebensmittel, zur Änderung der Verordnung (EU) Nr. 1169/2011 des Europäischen Parlaments und des Rates und zur Aufhebung der Verordnung (EG) Nr. 258/97 des Europäischen Parlaments und des Rates und der Verordnung (EG) Nr. 1852/2001 der Kommission

Anhang

Anhangsverzeichnis

1. Ergebnisse des Pretests

Interviewer Nr. 1

- Frage 1: seltener statt weniger
- Frage 4 und 5: Beispiele für Klimafreundlichkeit, Ressourcenschonung und Risiko für die Übertragung von Krankheitserregern geben
- Zwischentext: „Vorteile des In-vitro-Fleisches" statt „In-vitro-Fleisch kann viele Chancen haben, wie z.B.... „
- Zwischentext: „Ggf. Verbesserung des Nährstoffgehalts des Fleisches (Omega-3-Fettsäuren, Vitamine und Mineralstoffe)" statt: „In-vitro-Fleisch ist womöglich gesünder, da es wahrscheinlich möglich ist den Gehalt an Omega-3-Fettsäuren, Vitaminen und Mineralstoffen im Fleisch zu verändern"
- Zwischentext: „Nachteile des In-vitro-Fleisches" statt: „In-vitro-Fleisch kann aber auch Nachteile haben, wie zum Beispiel"

Interviewer Nr. 2

- „Sehr geehrte Teilnehmerin, sehr geehrte Teilnehmer" untereinander schreiben
- Frage 7 und 8: Preiserwartung und Zahlbereitschaft auf eine Seite

Interviewer Nr. 3

- Frage 1: Offenes Fragefeld für andere Ernährungsformen
- Frage 2: Gründen statt Gründe

2. Fragebogen

Umfrage zum Thema Fleisch

Seite 1

Sehr geehrte Teilnehmerin,
Sehr geehrter Teilnehmer,

im Rahmen meiner Bachelorarbeit führe ich eine Umfrage zum Thema Fleisch an der HAW Hamburg durch.

Die Beantwortung der Fragen wird ca. 5min. Ihrer Zeit in Anspruch nehmen.

Die dabei erhobenen personenbezogenen Daten dienen ausschließlich wissenschaftlichen Zwecken.
Die Teilnahme an dieser Umfrage ist ohne eine Registrierung und auch ohne die Nennung Ihres Namens möglich.

Vielen Dank für die Teilnahme!

Seite 2

1. Wie häufig verzehren Sie Fleisch und Wurstwaren im Durchschnitt? (Nur eine Antwort möglich) *

- ◯ 1 x pro Woche oder seltener
- ◯ 2-4 x pro Woche
- ◯ 5 x pro Woche oder mehr
- ◯ Ich ernähre mich vegetarisch oder pescetarisch
- ◯ Ich ernähre mich vegan
- ◯ Andere ______

Seite 3

2. Was sind bzw. wären Gründe für Sie auf den Verzehr von Fleisch zu verzichten?
Bitte bilden Sie hierzu eine Rangfolge. Das wichtigste Kriterium erhält dabei den ersten Platz, das unwichtigste den letzten Platz. *

- Weniger Tierleid
- Geringere Verbreitung von Tierseuchen
- Geringere Umweltbelastung
- Vegetarische Produkte sind nachhaltiger
- Vegetarische Produkte sind günstiger
- Eine vegetarische Lebensweise ist gesünder

Seite 4

3. Haben Sie schon einmal von In-vitro-Fleisch bzw. kultiviertem Fleisch gehört? *

- ◯ Ja, ich weiß was In-vitro-Fleisch ist
- ◯ Ja, aber ich weiß nicht was In-vitro-Fleisch ist
- ◯ Nein

Seite 5

In-vitro-Fleisch entsteht durch die Züchtung von tierischem Gewebe. Dafür werden einem Tier Stammzellen entnommen, welche in einem Labor zu Muskelgewebe herangezüchtet werden. Dabei müssen keine Tiere sterben und dieses Verfahren geschieht ohne den Einsatz von Gentechnik, also ohne jeglichen Eingriff in die DNA-Sequenzen von Zellen.

Seite 6

4. Wie schätzen Sie In-vitro-Fleisch im Vergleich zu konventionellem Fleisch ein?

In-vitro-Fleisch ist bezogen auf die Kategorie.......als konventionelles Fleisch. *

	Viel besser	Etwas besser	Genauso	Etwas schlechter	Viel schlechter
Klimafreundlichkeit (z.B. Emission von Treibhausgasen)	○	○	○	○	○
Ressourcenschonung (z.B. Wasserverbrauch, Bodennutzung)	○	○	○	○	○
Natürlichkeit	○	○	○	○	○
Gesundheit	○	○	○	○	○
Risiko für die Übertragung von Krankheitserregern (z.B. Salmonellen)	○	○	○	○	○
Geschmack	○	○	○	○	○

Seite 7

Vorteile des In-vitro-Fleisches:
- Beitrag zur Lösung des Welternährungsproblemes
- Verringerung des tierischen Leidens bzw. Vermeidung von Schlachtungen
- Klima- und Ressourcenschonung (weniger Ausstoß von Treibhausgasen, weniger Wasserverbrauch und -verschmutzung, weniger Bodennutzung)
- Verringerte Verbreitung von Tierseuchen (z.B. BSE) und Krankheitserregern (z.B. Salmonellen)
- Vermeidung der Bildung von Antibiotikaresistenzen durch die Viehzucht
- Ggf. Verbesserung des Nährstoffgehaltes des Fleisches (Omega-3-Fettsäuren, Vitaminen und Mineralstoffen)

Nachteile des In-vitro-Fleisches:
- Verlust von Arbeitsplätzen und ggf. Insolvenzen im Bereich Viehzucht und Schlachtung
- Vermutlich Abweichung der Textur und des Geschmackes
- Hoher Energieaufwand für die Herstellung von In-vitro-Fleisch

Seite 8

5. Wie schätzen Sie In-vitro-Fleisch, nach den vorangestellten Informationen, im Vergleich zu konventionellem Fleisch ein?

In-vitro-Fleisch ist bezogen auf die Kategorie.......als konventionelles Fleisch. *

	Viel besser	Etwas besser	Genauso	Etwas schlechter	Viel schlechter
Klimafreundlichkeit (z.B. Emission von Treibhausgasen)	○	○	○	○	○
Ressourcenschonung (z.B. Wasserverbrauch, Bodennutzung)	○	○	○	○	○
Natürlichkeit	○	○	○	○	○
Gesundheit	○	○	○	○	○
Geschmack	○	○	○	○	○
Risiko für die Übertragung von Krankheitserregern (z.B. Salmonellen)	○	○	○	○	○

Seite 9

6. Inwiefern treffen die folgenden Aussagen auf Sie zu? *

	Trifft zu	Trifft nicht zu
Ich würde In-vitro-Fleisch probieren	○	○
Ich würde In-vitro-Fleisch kaufen	○	○

Seite 10

Warum würden Sie In-vitro-Fleisch nicht probieren?

Seite 11

7. Wie würden Sie den Preis von In-vitro-Fleisch im Vergleich zu konventionellem Fleisch einschätzen? *

- ◯ 50% teurer
- ◯ 30% teurer
- ◯ 10% teurer
- ◯ Genauso teuer
- ◯ Günstiger

8. Würden Sie für In-vitro-Fleisch mehr bezahlen als für herkömmliches Fleisch? *

- ◯ Ja, bis zu 50% mehr
- ◯ Ja, bis zu 30% mehr
- ◯ Ja, bis zu 10% mehr
- ◯ Nein, ich würde nicht mehr bezahlen

Seite 12

9. Glauben Sie, dass sich In-vitro-Fleisch in den nächsten Jahren in der Gesellschaft etablieren wird? *

- ◯ Ja, davon bin ich fest überzeugt
- ◯ Ja, vielleicht
- ◯ Nein, wahrscheinlich nicht
- ◯ Nein, auf keinen Fall
- ◯ Kann ich nicht beurteilen

Seite 13

10. Welches Geschlecht haben Sie? *

- ◯ Weiblich
- ◯ Männlich
- ◯ Andere

Seite 14

11. Wie alt sind Sie? Bitte ordnen Sie sich ihrer Altersgruppe zu. *

- ◯ Unter 18
- ◯ 18-30
- ◯ 31-45
- ◯ 46-60
- ◯ Über 60

Seite 15

12. Was ist Ihr höchster Bildungsabschluss? *

- ◯ Kein Schulabschluss
- ◯ Hauptschulabschluss
- ◯ Realschulabschluss
- ◯ (Fach-)Abitur
- ◯ Abgeschlossene Ausbildung
- ◯ Hochschulabschluss
- ◯ Sonstige ____________

» Umleitung auf Schlussseite von Umfrage Online

3. Ergebnisse der SPSS®-Auswertung zur Hypothesenprüfung

3.1. Hypothese 1

Ergebnisse der Berechnung des Chi²-Tests und Cramers V mittels SPSS®

Bekanntheitsgrad von IVF und Ernährungsverhalten der Teilnehmer

Ernährungsverhalten * Bekanntheit von IVF Kreuztabelle

			Bekanntheit von IVF		
			Ja, ich weiß was In-vitro-Fleisch ist	Ja, aber ich weiß nicht was In-vitro-Fleisch ist	Nein
Ernährungsverhalten	omivor	Anzahl	118	52	70
		Erwartete Anzahl	133,0	47,6	59,4
	fleischlos	Anzahl	61	12	10
		Erwartete Anzahl	46,0	16,4	20,6
Gesamt		Anzahl	179	64	80
		Erwartete Anzahl	179,0	64,0	80,0

Chi-Quadrat-Tests

	Wert	df	Asymptotische Signifikanz (zweiseitig)
Chi-Quadrat nach Pearson	15,500[a]	2	,000

Symmetrische Maße

		Wert	Näherungsweise Signifikanz
Nominal- bzgl. Nominalmaß	Phi	,219	,000
	Cramer-V	,219	,000
Anzahl der gültigen Fälle		323	

3.2. Hypothese 2

Ergebnisse der Berechnung des Chi^2-Tests und Cramers V mittels SPSS®

1. Probierbereitschaft und Ernährungsverhalten der Teilnehmer

Ernährungsverhalten * Probieren Kreuztabelle

			Probieren		
			Trifft zu	Trifft nicht zu	Gesamt
Ernährungsverhalten	omivor	Anzahl	218	22	240
		Erwartete Anzahl	188,7	51,3	240,0
	fleischlos	Anzahl	36	47	83
		Erwartete Anzahl	65,3	17,7	83,0
Gesamt		Anzahl	254	69	323
		Erwartete Anzahl	254,0	69,0	323,0

Chi-Quadrat-Tests

	Wert	df	Asymptotische Signifikanz (zweiseitig)	Exakte Signifikanz (2-seitig)	Exakte Signifikanz (1-seitig)
Chi-Quadrat nach Pearson	82,692[a]	1	,000		
Kontinuitätskorrektur[b]	79,891	1	,000		
Likelihood-Quotient	74,430	1	,000		
Exakter Test nach Fisher				,000	,000
Zusammenhang linear-mit-linear	82,436	1	,000		
Anzahl der gültigen Fälle	323				

a. 0 Zellen (0,0%) haben eine erwartete Häufigkeit kleiner 5. Die minimale erwartete Häufigkeit ist 17,73.

b. Wird nur für eine 2x2-Tabelle berechnet

Symmetrische Maße

		Wert	Näherungsweise Signifikanz
Nominal- bzgl. Nominalmaß	Phi	,506	,000
	Cramer-V	,506	,000
Anzahl der gültigen Fälle		323	

2. Kaufbereitschaft und Ernährungsverhalten der Teilnehmer

Chi-Quadrat-Tests

	Wert	df	Asymptotische Signifikanz (zweiseitig)	Exakte Signifikanz (2-seitig)	Exakte Signifikanz (1-seitig)
Chi-Quadrat nach Pearson	26,624[a]	1	,000		
Kontinuitätskorrektur[b]	25,304	1	,000		
Likelihood-Quotient	28,964	1	,000		
Exakter Test nach Fisher				,000	,000
Zusammenhang linear-mit-linear	26,541	1	,000		
Anzahl der gültigen Fälle	323				

a. 0 Zellen (0,0%) haben eine erwartete Häufigkeit kleiner 5. Die minimale erwartete Häufigkeit ist 33,92.

b. Wird nur für eine 2x2-Tabelle berechnet

Symmetrische Maße

		Wert	Näherungsweise Signifikanz
Nominal- bzgl. Nominalmaß	Phi	,287	,000
	Cramer-V	,287	,000
Anzahl der gültigen Fälle		323	

Ernährungsverhalten * Kaufen Kreuztabelle

			Kaufen		
			Trifft zu	Trifft nicht zu	Gesamt
Ernährungsverhalten	omivor	Anzahl	118	122	240
		Erwartete Anzahl	98,1	141,9	240,0
	fleischlos	Anzahl	14	69	83
		Erwartete Anzahl	33,9	49,1	83,0
Gesamt		Anzahl	132	191	323
		Erwartete Anzahl	132,0	191,0	323,0

3.3. Hypothese 3

Ergebnisse der Berechnung des Rangkorrelationskoeffizients nach Spearman mittels SPSS®

Zahlbereitschaft für IVF und Ernährungsverhalten der Teilnehmer

Korrelationen

			Fleischverzehr	Bezahlen
Spearman-Rho	Fleischverzehr	Korrelationskoeffizient	1,000	-,023
		Sig. (2-seitig)	.	,676
		N	323	323
	Bezahlen	Korrelationskoeffizient	-,023	1,000
		Sig. (2-seitig)	,676	.
		N	323	323

3.4. Hypothese 4

Ergebnisse der Berechnung des Wilcoxon-Vorzeichen-Rang-Tests mittels SPSS®

Wahrnehmung der Verbraucher vor und nach einer positiven Informationsgabe

Ränge

		N	Mittlerer Rang	Rangsumme
Klima2 - Klima1	Negative Ränge	62[a]	62,55	3878,00
	Positive Ränge	86[b]	83,12	7148,00
	Bindungen	177[c]		
	Gesamt	325		
Ressource2 - Resource1	Negative Ränge	58[d]	73,44	4259,50
	Positive Ränge	106[e]	87,46	9270,50
	Bindungen	161[f]		
	Gesamt	325		
Natuerlichkeit2 - Natuerlichkeit1	Negative Ränge	103[g]	68,76	7082,00
	Positive Ränge	33[h]	67,70	2234,00
	Bindungen	189[i]		
	Gesamt	325		
Risiko2 - Risiko1	Negative Ränge	87[j]	69,55	6050,50
	Positive Ränge	73[k]	93,55	6829,50
	Bindungen	165[l]		
	Gesamt	325		
Geschmack2 - Geschmack1	Negative Ränge	33[m]	75,05	2476,50
	Positive Ränge	106[n]	68,43	7253,50
	Bindungen	186[o]		
	Gesamt	325		
Gesundheit2 - Gesundheit1	Negative Ränge	148[p]	88,89	13156,00
	Positive Ränge	30[q]	92,50	2775,00
	Bindungen	147[r]		
	Gesamt	325		

a. Klima2 < Klima1
b. Klima2 > Klima1
c. Klima2 = Klima1
d. Ressource2 < Resource1
e. Ressource2 > Resource1
f. Ressource2 = Resource1
g. Natuerlichkeit2 < Natuerlichkeit1
h. Natuerlichkeit2 > Natuerlichkeit1
i. Natuerlichkeit2 = Natuerlichkeit1
j. Risiko2 < Risiko1
k. Risiko2 > Risiko1
l. Risiko2 = Risiko1
m. Geschmack2 < Geschmack1
n. Geschmack2 > Geschmack1
o. Geschmack2 = Geschmack1
p. Gesundheit2 < Gesundheit1
q. Gesundheit2 > Gesundheit1
r. Gesundheit2 = Gesundheit1

Statistik für Test[a]

	Klima2 - Klima1	Ressource2 - Resource1	Natuerlichkeit2 - Natuerlichkeit1	Risiko2 - Risiko1	Geschmack2 - Geschmack1	Gesundheit2 - Gesundheit1
Z	-3,252[b]	-4,284[b]	-5,559[c]	-,685[b]	-5,532[b]	-8,146[c]
Asymptotische Signifikanz (2-seitig)	,001	,000	,000	,494	,000	,000

a. Wilcoxon-Test

b. Basiert auf negativen Rängen.

c. Basiert auf positiven Rängen.

MIX
Papier | Fördert gute Waldnutzung
FSC® C083411

Kolibri 360 GmbH
Ferdinand-Juhlke-Straße 7
99095 Erfurt, Deutschland
produktsicherheit@kolibri360.de

Druck:
CPI Druckdienstleistungen GmbH
im Auftrag der
Kolibri 360 GmbH
Ferdinand-Jühlke-Str. 7
99095 Erfurt